山水民宿①·山篇

乙未文化　编

天津大学出版社
TIANJIN UNIVERSITY PRESS

目录

Contents

拾山房

情怀落地

/ Feelings /

大理因包容混搭的气质近些年成为了设计师们情怀落地的最好的建筑实践场地，独特的地理环境为设计师们提供一种全新的思考方式。生于斯，是本地人的幸福；隐于此，是外乡人的愿望。

拾山房苍海高尔夫度假酒店毗邻大理古城崇圣寺，坐落在远离喧嚣的苍海高尔夫社区内。它是一座依山而建的简约建筑，拥有13间宽大的客房，拾苍山，眺洱海，视野开阔。

拾山房的业主李骏、何飙是二十几年的好友，同时也是拾山房的设计师，两人拥有建筑师共同的情怀和梦想，对项目相同的认知和了解带来了非常高的契合度。经过项目的多次选址、设计的不断自我否定、不遗余力的现场施工指导，到最后，呈现给这片土地的是谦卑的建筑、婉约的花草、古拙的石木、斑驳的光影。拾山房叙事性的空间以一种温和的方式回应自然，融入自然，使建筑生长于环境之中，让住客可以在真实的日常中聆听自己的心跳，寻找到生活的本真，为住客带来一个可触摸的有温度的建筑。

随后，他们又邀请到著名室内设计师谢柯老师的团队操刀室内设计，共同的审美情趣和空间品位成就了项目自然内敛、舒适放松的空间气质。在设计过程中，没有对风格与形式进行刻意追求，更多的是基于环境与功能需求的顺势而为。在这里，主角不是建筑和空间，而是苍海流云、四季时光以及时光中感受宁静的你我。

项目全称：大理拾山房苍海高尔夫度假酒店
地理位置：中国、云南，大理
建成时间：2017年
项目面积：1 560 m²
建筑设计：重庆悦集建筑设计事务所
室内设计：重庆尚壹扬（SYY）装饰设计有限公司
摄影：存在建筑，感光映画

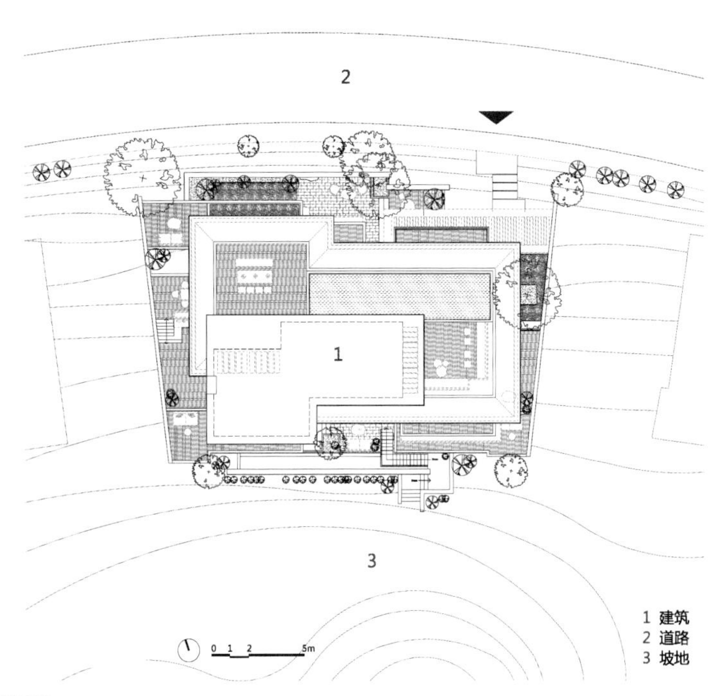

总平面图

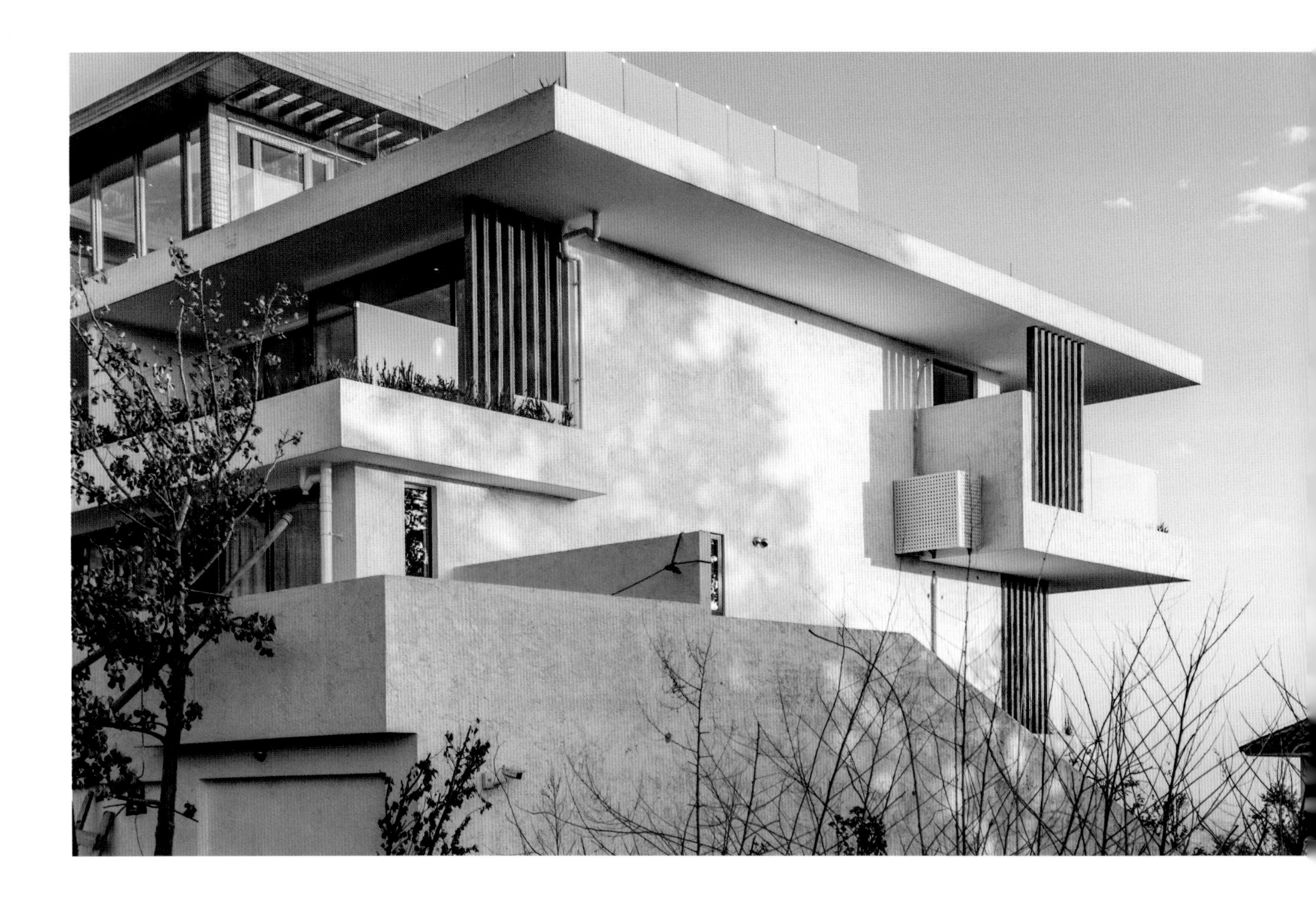

建筑设计

拾山房位于苍山高尔夫社区半山，背靠苍山主峰西麓，面向洱海及旖旎的田园风光，视野开阔。项目用地南北和东西方向都有较大的地形高差。在这里，苍山是设计的主题，也是故事的主线。设计师希望建筑能成为苍山的一部分。建筑师凭借在西南山地多年的设计经验，巧妙有效地解决了关于地形利用、景观营造、空间组织、视线屏蔽以及自然要素引入等问题，将建筑标高降低以适应坡地，形成了下沉式的院落。两层挑空的大厅与前庭后院相互借景，通透明亮。环境影响空间，空间是景观的反馈，顺势而为地梳理各种矛盾，自然而然就形成了拾山房放松而又有温度的建筑形态。左右两侧院落的墙体连续，将建筑主体、庭院、侧院、长廊、露台的界限相互融合，努力去营造一种自然而然相连贯通的感觉，消除建筑和空间内外之间的视觉界限，建立起山野、海面、田园之间的视觉联系。

墙内，是归隐；墙外，是尘世。

拾山房的“拾”这个动作有积极介入的意思，“山”就是指建筑所处的环境，“房”是心灵回归质朴的一种表现。就如拾山房的英文名“Pure House”一般，整个酒店希望用最简约的设计方式提供给人们一种回归质朴的生活场景，体现了“放松”和“有温度”的设计理念。设计初始，设计师就本着“归心，归山”的意境进行创作。建筑以平和、宽容的设计态度融入场地之中，和自然融会贯通。经过十几轮的不断讨论和自我否定，房间数量从最早的20多间减少到13间，最后才达到目前的最佳状态。在这里，设计师试图建立一种生动的空间序列：上山、入院、归堂、赏云、眺海。建筑以谦逊而温和的姿态表达了一个回归“家”的意象。设计者以一系列叙事性空间融入叙事性的场地，营造出独一无二的场所空间体验。

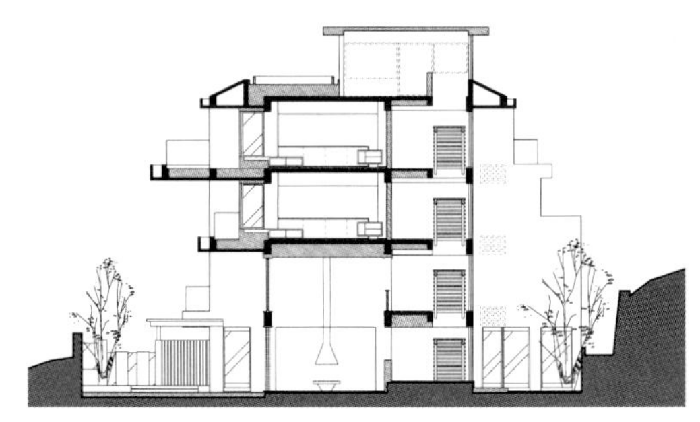

剖面图

景观设计

入口位于建筑角落，低调而谦逊，拾阶而下，一棵树龄数十载的花红果树迎面立在水池中央，瞬间吸引住客的视线。转向，经过光影斑驳的入口门廊，进入接待厅，客人开始以一种日常而纯粹的方式进行空间体验。公共区域以中央火炉作为视觉中心，两层通高，形成整个首层的核心空间，其他的功能配套如接待中心、书吧、餐厅、内外庭院等功能空间皆围绕其展开。大厅前后下沉的庭院有效解决了前后坡地高差带来的困扰，同时也避免了主干道的人流、车流所造成的干扰，营造了一个有日常温度、直抒胸臆的趣味交流空间。大理明媚的阳光、朴拙的石、温暖的木、混搭的家具与质朴的白墙在一起形成空间次序上的对话，安静婉约，温暖而舒朗。

室内设计

拾山房13间客房各具特色，均带有宽大的观景阳台或私家院落，宽阔的居住空间中舒适的床品引人注目，敞亮的落地玻璃，精致、开敞的卫生间和宽阔的户外休闲阳台，配合周围开阔舒朗的风景，加之窗外的苍山青翠、洱海碧蓝……处处显露出拾山房不俗的休闲气质，令人不忍离去。

顶层的半室内外空间作为第二公共区将建筑空间推向另一个高潮。在这里，设计师将咖啡吧、交流区和观景区融为一体，经过精心计算高度的横向长窗对苍山洱海的日出日落、风起云涌进行充分的“裁剪”和“借景”，让客人可以静静地独享。顶楼阳光书吧、休闲露台与无边际水池相依，成为真正意义上的360° 观景平台。巨大的无边水池仿佛一面镜子，成为洱海和流云的一种微妙延续，融化在变幻莫测的天光里。

运营模式

/ Operating Model /

酒店在服务上不仅满足“宿”的舒适需求，也创造“旅”的深度体验，除了提供一对一的管家服务、高品质的专车接送服务，还为食客提供本土食材调制的中西式料理，同时为顾客配置了高尔夫球体验之旅、瑜伽课程……

苍山之下，洱海之滨，拾山房是下山者的中转站，往上可以体验溯溪苍山十八溪的野趣，往下可以感受古城日常生活的闲情逸致。坐拥此处山麓的拾山房，正期待着一群向往朴素生活的宾客。

云见精品度假民宿

一次“非地域性”的设计实践

/ Design /

宜兴湖汶镇竹海是江浙地区一个小有名气的景区。这里漫山葱郁，竹林丛生，山势舒缓，尺度宜人。

云见精品度假民宿的主人是竹海地区早年第一批经营农家乐生意的本地人，夫妇两人凭借对食材的严格把控和独门的烧菜手艺，将农家乐做成当地大众点评排名第一的农家乐餐厅，同时热心的服务也成为许多游客对此地念念不忘的原因。由于经营需求的改变，主人希望可以在保留餐饮功能的同时，增加住宿的功能，让原本只能用餐的农家乐升级为兼具餐饮、住宿两种功能的民宿。

原来的房子坐落在竹海景区不远处，背靠竹山，小溪潺潺，然而周围却混杂着众多风格迥异的现代民宅。多年前房子被修建的时候，为了能够得到更多的面积，于是这栋房子有了十分“奇特”的高宽比，再加之主人已经做了一次大规模的加建，因此，如何让这栋待改建的房子完成华丽的变身，是主人心中的小小期许，也成为建筑师的一个挑战。

项目全称：宜兴湖汉竹海云见精品度假民宿
地理位置：中国，江苏，无锡
建成时间：2018年
建筑面积：1 000 m²
设计团队：一本造建筑设计工作室（One Take Architects）
摄影：康伟

轴测图

剖面图

建筑设计

建筑师选择竹海本地生产的竹材，以竹格栅将完整庞大的立面“化整为零”，弱化建筑给紧凑的前院带来的压迫感，并与人的尺度呼应。通过对侧立面墙面的延展，一道完整的墙面被切分强调出来，它对建筑的背立面形体组织至关重要，原建筑犬牙交错的外边缘通过切入的墙面得到了分割与简化。

建筑北侧的露台，由于一层屋顶的承重限制无法上人，于是建筑师借鉴了“美人靠”的形式做了围栏，友好地提示客人不要入内；并在地面铺以一层厚厚的细沙石，树木穿过露台于木格栅内恣意生长。在这里，似乎时间都放慢了脚步。

在屋顶的露台，由于结构关系无法拆除全部屋顶，于是建筑师引入斜角的设计并使之成为新的标志性元素，允许大范围的天光洒入室内，建立了人与光的亲密关系。同时，高耸的屋顶成为一幅山水竖轴画，推开门扇便走入画中，云起时云气缥缈，竹林中光影纷繁。这幅画中，不仅仅是蓝天白云与山林盛景，更是日出日落的日常作息与阴晴雨雪的季节变幻。

景观设计

由于进深限制和较为巨大的建筑主体带来的“压迫感”，可供景观设计操作的素材非常少，主要有两点，一是院墙，二是流线。设计师引入了一面连续的院墙，元素非常清晰，毛石基座、纯白墙面以及竹钢压顶，勾勒出明确但友好的领域分界；且由于其适中的高度，周边的村民常常坐在院墙上晒太阳、聊天，令其拥有了较之停车场更为亲密的空间氛围。院墙正面两端开口，但由于建筑入口并非居中设计，因此产生了不对称的流线，在距离建筑忽近忽远的空间关系中延长空间序列，从而使建筑与公共道路获得了相对模糊与不确定的空间关系，借助基地的自然元素，形成树荫、光影与气流的交集。

室内设计

民宿建筑中重要的公共空间在原建筑中极为缺乏，而改建后的民宿一层依然需要承担一部分对外餐饮的营业功能，于是空间的公共性由有机组织的楼梯井和公共露台来承担，借助灯光的强化处理，形成明亮紧凑的空间氛围。

与其说这是“一座”建筑，不如说它是一个建筑体内一个个完整的不同房间的并列与集合。室内墙体布置固定，阳台被挤出，室内结构体系获得相对的自由，陌生反常的形式成为一种途径，让视觉上的整体性得到强化，避免了“隔间”酒店的过于封闭，让人意识到这座建筑是一个整体。

阳台形成的进深与传统的竹木材质，强化了向外观景的仪式感，并通过不同方向上的空间尺度、光线的照入形式与明暗的光影来强调。窗扇作为介质，建立住客身体和外部的关系。

建筑中唯一一处被完整保留的窗户，是一层面向道路的玻璃窗。这面连续的玻璃窗墙面也让这座房子成为当时村子里颇为惹人注目的存在。建筑师着意保留下来这三面大窗，令其退入立面的第二层次，在新建筑中也不显违和。

由于砖混结构可改造的余地很小，楼梯间的体验感与氛围就只能从内部争取。设计师将书架的新功能置入楼梯间，并将顶部和底部封上镜面，令楼梯与通天达地的书架在反复反射中形成绵延不断的视觉效果，凭空“拉长”了楼梯间的视觉高度。

窗之间的差异被前所未有地强调，进而突出了房间之间的差异，使这些平面上看起来相似的客房在实际体验中却丰富自由，别具一格。

运营模式

/ Operating Model /

云见精品度假民宿原为经营多年的农家菜餐厅，常年位居大众点评地区推荐特色餐厅榜首。因为极好的口碑，乡村美食成为民宿运营的极佳切入点。

竹海地区最具特色的产物自然首推竹笋。餐厅的竹笋均是老板亲自从山上采摘而来，是地道的天然有机食品；在这里，除了可以享用到新鲜的竹笋，还有各种独家腌制的笋干泡菜以及每年秋冬必备的腌肉……

说起“阳羡紫笋”，您可千万别以为这又是一种笋子的做法——它其实是宜兴特产阳羡茶的别名。茶圣陆羽曾在阳羡（宜兴）地区进行了长时间的考察，认为其芳香冠世，推其为上品。大快朵颐之后，一杯阳羡紫笋下肚，瞬间清爽。距云见精品度假民宿不足两千米处便是百亩茶园，春夏秋季的茶园骑行是一项颇具乐趣与挑战的活动。

杨梅也是竹海地区的特产，每到春季，杨梅采摘就成为这里主要的旅游项目。老板亲自选择最优质的杨梅酿成的上好杨梅酒，这是餐厅最受欢迎的饮品，香气浓郁，清冽甘甜，入口难忘——难怪人们称酒为世上最神秘的宗教，而我们都是它的忠实信徒。

富饶的竹海地区不仅有着取之不尽的竹资源，还孕育了一种有趣的鸟类——竹鸡。竹鸡有很多种做法，作为江南地区的名菜曾被《舌尖上的中国》收录。

三秋美宿

一日不见，如三秋兮

/ Autumn /

莫干山三秋美宿坐落在莫干山下一个叫作干庙坞的村子里，依山而建，竹林掩映，山泉绕屋，有着别处难寻的隐秘幽静。

三秋美宿是在民宿主人鲍洪权的老宅上改建而成的，老宅见证了鲍家三代人的生活。对鲍洪权来说，老房子有着全家人共同的生活记忆。自己虽然因为读书、工作而一步步走出了大山，常年在城市里奋斗拼搏，对老房子却始终有着抹不去的眷恋。他在那里度过无忧的少年时代，服侍爷爷奶奶过世，看着爸爸妈妈衰老……老房子是一个无论走多远都心心念念惦记着的地方，正如诗经里所说“一日不见，如三秋兮”。

2008年从高天成裸心乡的体验开始，鲍洪权似乎窥见了一种理想生活的状态，只是当时时机尚不成熟。耐心等待了7年，2015年，他觉得是时候了，开始着手打造理想中的居所。想法超乎简单：一，把自己家装修装修；二，在40岁时做一件晚年值得回味的事。他有着15年艺术从业经历，有很多机会向艺术名家求教，听人生大儒释道，边工作、边学习，乐此不疲。转身跨入民宿行业，对民宿也带有对待艺术品般的要求。他延请乡村民宿设计名师吕晓辉先生做设计，绘画专业出身的设计师与艺术从业者的民宿主之间，达到了难得的默契与共鸣，以“做一个作品”的态度共同呵护着三秋由图纸变成现实。

在工程进展的同时，以恭敬的心、诚挚的情邀请全国艺术名家为三秋写定制书法“一日不见，如三秋兮”，希望在三秋开业之时举办一个莫干山前所未有的艺术大展。当时九十六岁高龄的陈佩秋先生一再鼓励，把“如三秋兮”特地改为“三秋盼兮”；九十三岁高龄的刘江老师虚怀若谷地写上“恭书”；梁平波书记谆谆嘱咐，杨建新厅长语重心长；吴山明老师、何水法老师一再关切询问，徐家昌老师与师母更是出谋划策……三秋的筹建与艺术展的征集过程收获了满满的情谊和浓浓的文化关怀。

整整两年，七百三十个日日夜夜，两百多位相关人士参与了三秋的建造，近百位艺术名家、文化名流都为三秋写了主题书法，这在莫干山的民宿发展史上是绝无仅有的。

三秋落成，回望两年多的历程，鲍洪权说：“无关情怀或潮流，只是想告诉身边的师友，三秋是我的家，欢迎来坐坐……”

项目全称：莫干山三秋美宿
地理位置：中国，浙江，湖州市
建成时间：2017年7月
建筑面积：980 m²
设计团队：晓辉设计工作室
摄影：陈有坤，蒋侃

建筑设计

三秋美宿由三栋房屋组成，房屋由低至高依山而建，均为业主鲍洪权家和其叔伯家的旧宅，其中1号楼还未改造，目前完工的有2号楼和3号楼。设计师在莫干山地区改造老屋多年，对周围村庄的地域特点、民居风格做了很多研究，非常擅长延续本地民居的建筑脉络，因此完成后的三秋依然是白墙灰砖黑瓦，精致却不张扬，隐于村落中丝毫不显突兀。

三秋美宿共有十一间不同风格的客房、一间餐厅和加带壁炉的大客厅、一间会议室，还有儿童房以及两个视野极好的户外大露台。

2号楼分主楼和副楼，主楼一层是接待客人的前台、餐厅和客厅。为了满足空间的使用功能，设计师将东、南、西面的部分院落包围进室内，从主楼的原框架向外延伸，顶面采用老木梁、小灰瓦，使增加的部分与原房屋完全融为一体。墙体采用钢架和大面积的落地玻璃，整个空间轻盈通透，是在传统建筑里加载现代元素的完美演绎。主楼二层设有一个大床房和一个标准间。副楼一层是会议室、儿童房，二层前后两侧分别有一个大床房，中间是共用的起居室。

3号楼在最高处，设有五间功能不同的客房，一层有一间禅茶室，适合客人静坐聊天。楼的东南面是一个宽敞的露台，可以供二三十人聚会烧烤，实现与大自然的零距离接触。从露台拾级而上是另一个稍小的观景平台，在这里，树木与竹林触手可及，乡村美景一览无余。

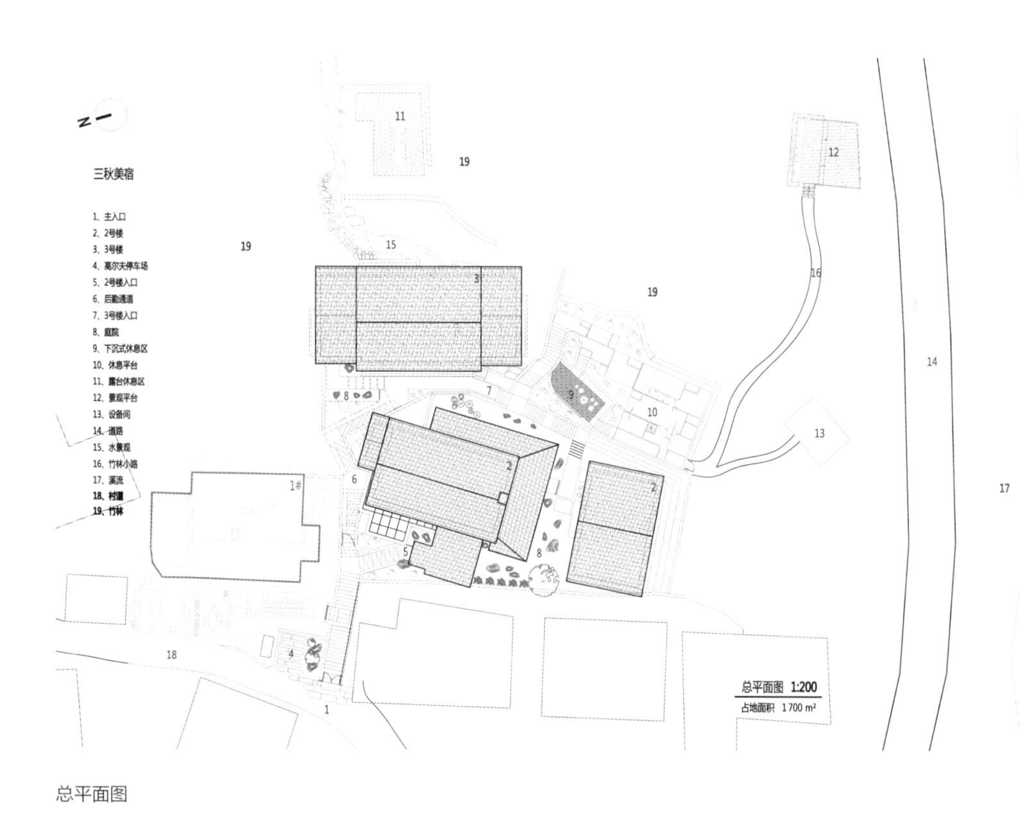
N
三秋美宿
1、主入口
2、2号楼
3、3号楼
4、高尔夫停车场
5、2号楼入口
6、后勤通道
7、3号楼入口
8、庭院
9、下沉式休息区
10、休息平台
11、露台休息区
12、景观平台
13、设备间
14、道路
15、水景观
16、竹林小路
17、溪流
18、村道
19、竹林
1#
总平面图 1:200
占地面积 1 700 m²

总平面图

景观设计

舒适现代、令人沉心静气的屋子，被室外葱郁的茶园、竹林，清澈的山涧，晨间的鸟鸣包围。置身于此，连梦都是甜的。从3号楼二层的东面往上，设计团队依照山势平整出两个视野极佳的观景露台，它们面对大山与竹海，将房屋与广阔的自然连接在一起。在这里，你可以体会空气的质感，观察透过竹林的光的游走，进行一场内在与自然的能量交换。

三秋傍山而居，漫山的翠竹是三秋的秘密花园。夏日雨打竹林，每片竹叶都像一个瀑布，正是“树杪百重泉”的诗境。有一脉泉水从山间流经后院，夏天清凉可冰西瓜，冬天温和洗菜不冷，是老宅主人几十年来生活的一部分。改建后的三秋，泉水绕过竹林下的冥想平台，垂直地落下，像一个小小的瀑布，成为茶室景观的一部分。

庭院里，保留了三十多年树龄的茶花树、十几年树龄的桃树，它们曾见证了老宅主人在这里成长、离开又回归的种种。院内增植了各个季节的花木，在景观的每一点微妙变化里呈现季节的流转。春日里樱花如雪，夏日里凌霄开得热闹，深秋里枫叶红透，冬日里腊梅暗香浮动——植物充盈了四季的色彩与味道。夏日的鸣蝉、秋日的蟋蟀、花间蹁跹的蝴蝶、掠过竹林的白鹭——这些景观里偶然的过客，也是季节变换的声音。

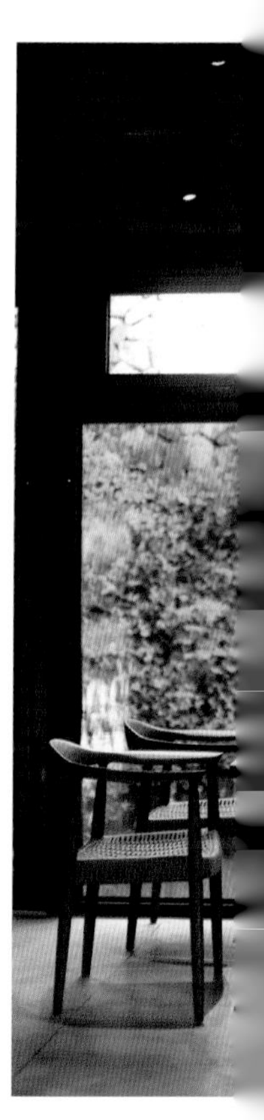

室内设计

因为设计师有很强的环境保护意识，所以三秋美宿从里到外都是生态环保的，不惜成本建造了生化污水处理池，屋顶全部加盖保温隔热材料，所有的房间都做到双向通风并安装吊扇，暖通系统采用节能的空气源热泵系统，最大程度降低耗电量。

在内装材料的使用上也做到了极简，除了保留下来的原始木头屋架和柱子，客房的地台与家具也全部采用回收的旧木，墙面与台盆则是干净的抛光水泥。简单的材料要做出精细的美感，考验的是施工者的技艺。梁、柱、地板、家具都需要手工细细打磨之后再封上橄榄油和进口木蜡油，以显露木头原本的纹理。墙体和台盆的水泥配比也极为讲究，反复调配成型之后再经过手工抛光三到五遍，最终呈现光滑如大理石的效果。这样做的好处是显而易见的。室内没有因各种材质的堆砌而产生违和感，显得质朴而素雅。室内没有使用任何胶水和油漆，完工后马上入住也没有一丝异味，只有若隐若现的老木香味，带给入住者一种回到乡下祖屋般久违的安心。

运营模式

/ Operating Model /

正如三秋客厅里悬挂的书法“柴门迎远客”一般，三秋希望打造的是一个坐落在山村里的家，远方的客人推开三秋的柴门，便是回家了。无论是管家们贴心的服务，还是阿姨端出的乡村小菜，都让客人如回家一样温暖自在。

“小而美”的三秋管家模式保证了客人在三秋能够享受到专业而不失温度的服务。不止照顾好客人在三秋的生活起居，管家们更是莫干山通，莫干山里的特色美食、隐秘的好景点和必买的伴手礼，他们都如数家珍。无论情侣、家庭还是好友小聚，管家们都能给出妥帖实用的游玩建议。玩累了回到三秋这个家，还可以享受莫干山特色的家宴。没有菜单，一切就地取材：村子里谁家阿姨晒了笋干、谁家墙角种的瓜果蔬菜已熟……这就是三秋家宴的菜单，不追求吃得奢华，却务必保证食材的绝对新鲜与健康，当季、当地、遵从本土的烹制法，让你享受最正宗的莫干风味。

木叶夏

半糖主义生活

/ Half Sugar /

人年轻的时候总会向往诗与远方，那些从未去过的地方，就像一个绚烂的梦，时时撩拨着心弦。每次看到陌生的风景，心里总是由衷地感慨：别人的家乡怎么这么美？在这样的旅途中渐行渐远，直到有一天回到故乡，发现最美的山水，其实就在身旁。

木叶的家就在莫干山北麓的芳山村，和其他外来租房的民宿主不同，木叶改造的是自家的老房子。她做民宿的初衷很简单，就是想“给自己在老家留一份产业”。木叶在中国人民大学研修期间，和海归的校花班长志趣相投，两位姑娘一拍即合，做起了这个项目。

芳山村是典型的浙江农村，村里的年轻人勤劳、能闯荡、擅长经营，过半都在海外经商，大多是在意大利经营皮具，像木叶这样愿意回归家乡守着祖产的芳山村后代很少很少，村里面都是悠闲度日的老人。

木叶少年时期离乡求学，毕业后留在大城市，曾经做过三个上市公司的人力资源总监，事业风生水起的她却始终割舍不下乡情，于是开启了“一半在城里，一半在乡下”的生活方式。

一身素色着装的木叶说起话来简洁明快，处处显现出职业经理人的干练，坦诚、自信而又务实。据说眼前这个现代感十足的民宿，从重建到开业，总共只花了十个月时间，足见她雷厉风行的工作作风。

项目全称：木叶夏精品度假民宿
地理位置：中国，浙江，湖州
建成时间：2016年
建筑面积：750 m^2
设计团队：FYD 峰御空间设计

木叶夏
MOOD CLUB
Love The Nature

建筑设计

德清莫干山古有“干将莫邪炼剑”的故事，近有历史上伟人们曾下榻旅居的饭店，现今又是民宿的聚集地，大大小小的民宿、农家乐、洋家乐不下两百家。在一个本身有底蕴的地方加一处空间，要做到承上启下、有特色、不雷同已经属于难事，还要当年就实现投资回报，所有的这些元素之间，都充满了矛盾……

建筑建在这一处莫干山脚下的缓坡之处。从小路进地块，左侧有竹林环抱，右侧则地势平缓、视野开阔，能看到远处山林峰峦。地块左侧尽头处有一十多米的高坡断壁。从外沿着小路蜿蜒30～40米，地势逐渐缓升3～5米。设计师在现场勘察，到每个细节的位置去观察、体验、感受，设想以后的场景，对每个空间进行构思，逐步勾勒起整体的思路。“民宿设计的最大特色是：营造恰如其分的环境，并和不同的环境更加紧密地融合。”这是设计师对民宿建筑空间的理解。德清莫干山的环境是山、水、竹、空气给人带来的空间气场，这个气场的关键词应该是空灵、安全、释怀，而不是严肃、气派、积极等。

于是设计团队当下就定下了整个设计空间布局、流线与色彩的主调。空间布局应该是动与静融合，公共大空间结合私密小空间。由公共空间的“动”，到私密空间的“静”，配合地势、空间整合规划，最大程度地满足旅客的居住功能使用需求。而在色调上用本白色、不同程度的深-浅灰色、木纹原色等，让“新”的建筑与“新”装饰本身能融入整个莫干山的环境中。在建筑空间上，借用中国园林左右均衡，却体现不对称美的空间布局，左林右景，蜿蜒而上，大量利用当地的绿色环保竹子、木材、卵石等随处可见的建筑材料。

木叶夏
MOOD CLUB
Love The Nature

室内设计

空间布局在符合功能需求的前提下，同样体现设计细节。设计细节还体现在用材、空间体量、用色等方面。开放的休闲大厅设有桌球、茶咖吧、书吧、休闲商务区等区域，在功能上设置了一楼常温泳池与三楼屋顶温泉泳池，满足客人不同的需求。在放松这个环节上，设计团队把“水”这个元素用到极致，在民宿的九个房间中，不仅能看到山边的水、屋外的水、屋内半开放式的浴缸，还在建筑屋顶上设计了露天泳池。想象在莫干山脚下、竹林环抱的屋顶上看着星星泡温泉、喝红酒，该是一种何等的享受。

当然，除了建筑硬件方面，室内设计与软装设计上，也同样采取“以无，做有”的方式来实现，即精心设计，却没有明显的设计痕迹。团队希望表达的形式是“自然”“放松”，是“润物细无声”，而不是“醒目”与“冲击”。为客人挑选的床垫、窗帘、沙发，甚至于每个靠枕，都力求做到自然和谐。

运营模式

/ Operating Model /

木叶夏的生活是休闲舒适的，你可以和朋友打一局台球；或者，让久违的童心造访，在蹦蹦床上肆意欢跳，在院子里的沙堆中建一座城堡；还可以跳进碧绿清凉的泳池，让天然的山泉水浸润身心。有充满阳光的午后，不妨就坐在院子的沙发上，吹着山风，嗑着瓜子，喝一杯青豆茶，看光影一寸寸从雕花窗格上移动，直到日影西斜。夜幕降临，草坪上的露天烧烤区备受欢迎。一楼超大面积的公共区域除了有咖啡吧，还专门开辟出一个小型会议区，可以承接企业团建或者读书会等小型活动。

茑舍

最后的江南秘境

/ Secret /

杨慧娟，松阳茑舍的联合创始人之一，室内设计师，也是地道的松阳本土人，因为爱这个安静的江南秘境，爱这里的古老手工艺，爱它的淳朴缓慢，更是眷恋故乡的生活，从宁波回到松阳，寻找到这条生活着的老街。

说到茑舍，自然离不开这里的一家杂货铺——山中杂记。山中杂记，有书，有茶，有当地的风物，慧娟就是主理人，每天整理书屋，打理着天井内的花草，张罗着雅致的茶室，那么自然，这样才能感受到天地自然之气，感受到生命的点点滴滴。很多人到了这里就想留下来，住上一晚。

慧娟是一个喜客的人，喜欢和天南地北的人聊天，很真诚，很温暖。

主人做茑舍的初心，很纯粹，做自己喜欢做的事情，由着自己的性子，洒洒水，剪剪花，晒晒太阳，悠悠哉哉的；又有美好愿景，就是希望天南地北的客人在老街上住下来，能感受到老街的市井，又能有进门别有洞天的意境，享受江南秘境的美好。

项目全称：松阳茑舍精品民宿
地理位置：中国，浙江，丽水
建成时间：2016年
建筑面积：1 072.91 m²
设计团队：余论设计

蔦舍
The Vine Home

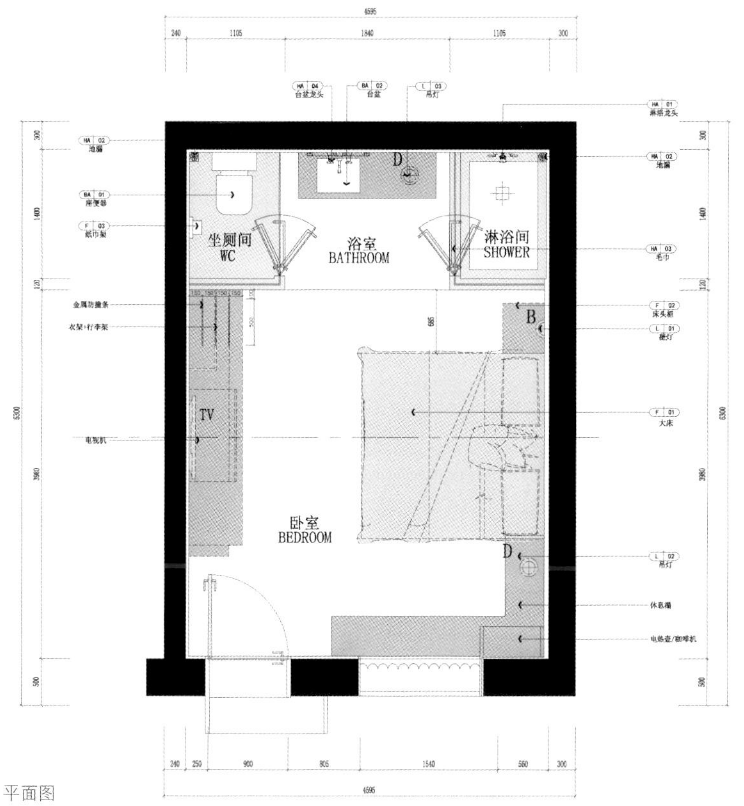

平面图

建筑设计

茑舍所在的院子原是寿年小学旧址，后来为松阳第三小学所在地，因此之前并没有被改造得很杂乱，只是闲置多年，需要重新加固和修缮。院子和老街一屋之隔，院子宽敞，闹中取静，整体环境较为理想。

在对房屋和院落进行整体修复时，并没有推翻重建，为了传承松阳当地的建筑风貌，设计团队特意保留了老建筑的一些经典元素，修旧如旧，古朴但不陈旧，别有一番风味。茑舍共规划有两个院子，主院共设十间房，副院设三间房。为了保证客房的私密性，设计师为每一个房间规划了一个独立的小院，都设计了相应的水系或花草，所有的房间都有宽大的落地窗，保障了一室温暖的阳光。特别是在餐厅，设计师特意将向阳的一面黄土墙全部推倒，取而代之的是一整面的玻璃墙，还将靠近玻璃墙一侧的木质屋顶换成了玻璃房顶，为的是能让阳光洒满餐厅的每个角落。

景观设计

茑舍，意在追求一种鲜花环绕的生活：庭院四周种满绿植，紫薇花开正盛。设计团队将2 000多平方米的小学操场改成了一个一年四季都有不同风景的小院，在小院里面种下了各种各样的植物，桂花树、玉兰树、樱花树，用鲜花环绕的环境来呼应“茑舍”的名字，也是对未来生活的追求和向往。清一色的庭院景观，用园林部分弥补了没有山景的缺憾，宽敞的院子里有着小桥流水般的韵调，绿意清新的草地，小径通幽的禅静，我在这里赏风景，而我却也成了你眼中的风景。

此山集
12

室内设计

在餐厅的设计上，因为考虑整体功能布局和后期运营，整个餐厅需要兼具类似酒店里办理入住的大厅、大堂吧的功能，所以，靠背景墙的长吧结合了服务台和水吧台两个功能。在家具选择上也结合功能选取了适合就餐的桌椅和更加休闲的沙发和茶几。

考虑到整体搭配和想要传达的氛围，选用了老艺人手工编织的定制吊灯，采用高低不一的挂法。在临近小弄堂的窗上，运用了现代的玻璃丝网印刷的手法，并选用了公鸡的图案，不仅考虑到一些私密性，还唤起一点乡村感。在家具上，餐桌还选用古枣红的漆色和不平整的老木板，与壁炉、老青砖、墙面的夯土墙，一起营造出了这个空间的质感。

客房则还原民国风，床的背景运用了手工的竹编织品，让人感受艺人，感受文化。窗口结合了榻和迷你吧功能，将木板延伸至床头，作为床头柜。洗手间和马桶间的墙面之间有一段玻璃，保证更好的采光性，同时不失私密性。电视机前的整木隔板结合了行李架功能，取代了传统电视柜。

套房的亮点是洗台的设计。住客在刚入住时，会发现洗手间有一个大木箱子，他就会好奇地去打开，发现这原来是功能俱全的洗台，洗漱用品都在里面。镜子的灯为触摸控制，这一切使这个房间多了一种有趣又神秘的体验。

运营模式

/ Operating Model /

茑舍为客人准备的欢迎礼是一份脸盆大小的果盘以及每间客房里随时可用的胶囊咖啡机，除此之外，这里的私厨也堪称一绝，不少人慕名前来，只为了一顿饭。这里的菜单一年四季都不同，因为食材在变，比如夏季以低脂清爽的本地野味为主打，秋冬则有板栗鸡、芋头鸭、茑舍芋皇等。主人还特意请了专业的烘焙师，没有菜单，只有被塞得满满的冰箱，无论你何时来，总能吃到美味的食物。

早起吃过早饭后，还可以享受管家私人订制的专属旅游线路，和管家一起，去古栈道徒步，一起体验山野风情，走古人走过的路，探寻深山里的秘境。遇到节气时，店里组织大家一起过，比如端午时节，可以一起包粽子，品味松阳当地的特色薄饼宴。

茑舍从管家到厨师到服务阿姨，都是松阳本地人，他们在自己家门口就能找到合适的工作，做着自己喜欢做的事情。茑舍不只是一个人的茑舍，更是大家幸福的茑舍。茑舍还对整条老街做了一个串联，推出独家版兑换券，在老街可以用以前的粮票兑换有意思的小物件，这让老街里有意思的东西被发掘，传统的手工艺被欣赏并得以传承。

杭州云树酒店

项目全称：杭州云树酒店
地理位置：中国，浙江，杭州
建成时间：2016年
建筑面积：850 m^2
建筑与室内设计：小大建筑设计事务所 kooo architects
景观设计：原地环境设计事务所
照明设计：LIGHTLINKS INTERNATIONAL LIMITED
平面设计：铃木哲生
摄影：加纳永一

圆一个在山顶的树上看云的梦

/ Dream /

浮天水送无穷树，带雨云埋一半山。

选址之初，主人本考虑在城市的核心地带选择一个合适的房子，但总有各种不如意。结构问题、环境问题、停车问题、周边业态问题，每一个问题似乎都能将其击败。方案做了，可行性分析做了，还是觉得不能满足要求。

经过了三个多月的寻找和商谈，就在大家已经觉得没有希望的时候，机会却在不经意间悄悄来临了。

在翁家山，终于找到了可以实现梦想的地点，这里足以摆脱城市的喧嚣，但又不偏远。15分钟，两个世界，既远离城市喧闹又贴近繁华，身处村落之中却又独立而居，朝观云树，暮闻鸟鸣，星空夜挂。相比之前找过的房子，这里才是梦寐以求的地方。

对于酒店本身，主人始终坚持独特性的原则，希望相比于周围的酒店，入住的客人能够在云树享受到与众不同的景观和环境体验。作为山地建筑，云树充分利用了周边的地形，在四个不同的标高都有自己的室外平台。从草坪到树顶，每层的窗外都有不同的美景，独立的入口及庭院更充分展现了建筑的魅力。

为此，主人专门选择了境外设计团队为酒店做整体设计，同时，小到灯光、标识都由境外专业团队配合完成。现代风格的设计让云树从周边其他酒店千篇一律的复古风或文艺清新路线中脱颖而出，拥有了专属个性。

值得一提的是，翁家山也是一个不可多得的地方，有自然、人文、历史，一应俱全。

建筑设计

面对精品酒店的定位，原建筑的主要问题在于主体建筑完全暴露于视线内，缺乏精品酒店给客人带来的期待感；围栏材质和建筑本体与周边建筑一样，完全分开，缺乏整体性。在有限的预算下，设计团队没有将建筑整体完全改造，而是将重点放在屋顶和围栏上：将屋顶复杂的立面线脚包裹起来，底部的围栏在分隔酒店内与外的同时也重新塑造了酒店内的外部庭院环境。屋顶与围栏两者相同的材质使酒店成为完整的体系。

设计团队尝试用锈钢管围栏作为建筑入口，同时作为酒店内外的空间分隔。利用坡道逐渐增加的高差与长度，营造出进入酒店前的过渡感与仪式感。区别于一般单纯的功能性围栏，在云树中，设计团队将入口与围栏结合起来，创造出有“内-外-外”层次的空间。

为了区别于周边固有的建筑形象，设计团队希望将原建筑出挑的檐口、杂乱的线脚尽量隐藏，展现现代建筑的形象。与锈钢管相呼应，包裹建筑本体的材料同样选取了耐候钢板。屋顶与围栏的钢材质随时间推移会发生颜色和质感上的改变，与自然一起随时间变化。为了使屋顶钢板效果更有力，钢板的做法也一改常规折边的节点，尝试利用四边角码固定，留出钢板间的空腔，保留了钢板直挺的切边。

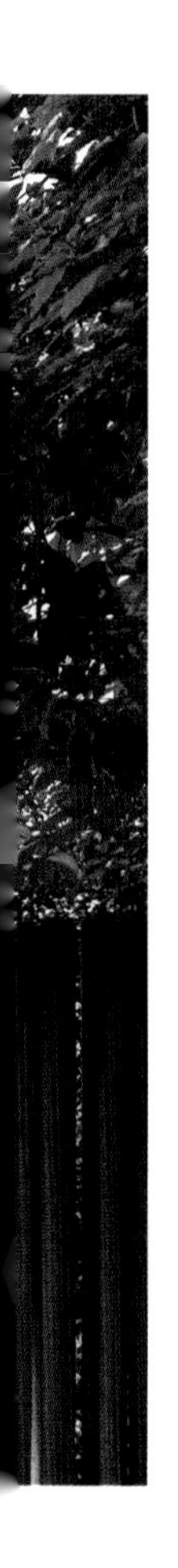

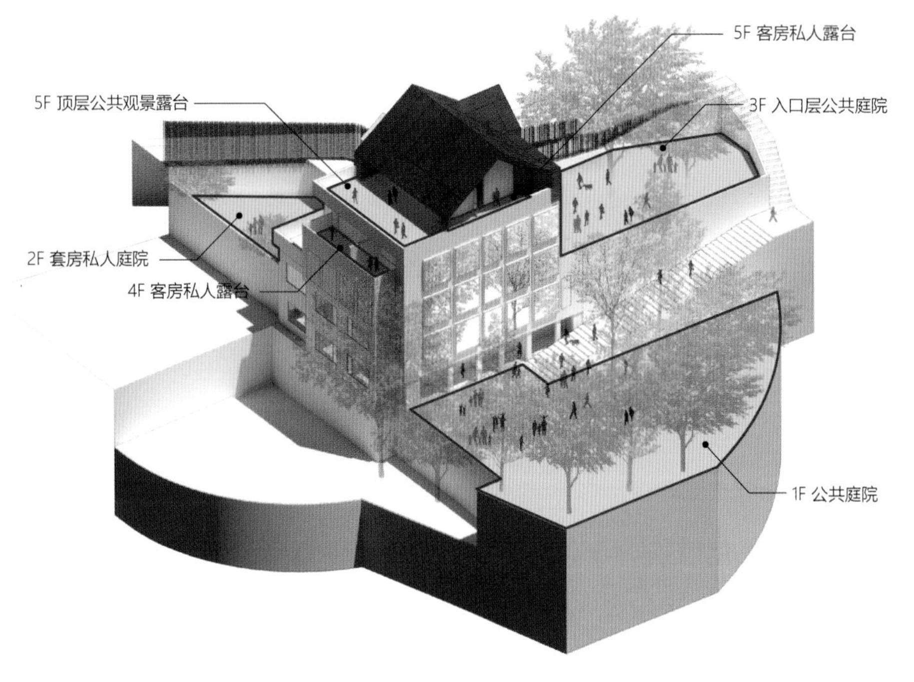

凭借山地建筑的优势，原建筑在四个不同的楼层标高上皆有独立的室外庭院。顶层公共露台与四层客房阳台凭借场地优势，可远眺龙井山山景与西湖。顶层客房通过屋顶钢板的形态变化形成私人庭院。由于酒店入口位于三层，入口庭院是对外的最便捷的院子。设计团队保留了原本的三棵大树，并没有做过多修饰，只通过简洁的地面划分完成了入口庭院的设计。

一层是酒店最大的公共活动空间，以15片镜面玻璃为背景，被丰富的高大树木围绕。人处于此处可感受到被自然全方位环绕。15片镜面玻璃反射着周边的自然景色，在不同角度观看，立面具有多变的表情，减小建筑体量的同时，使自然的变化在建筑上得以体现，促进建筑与自然的对话。

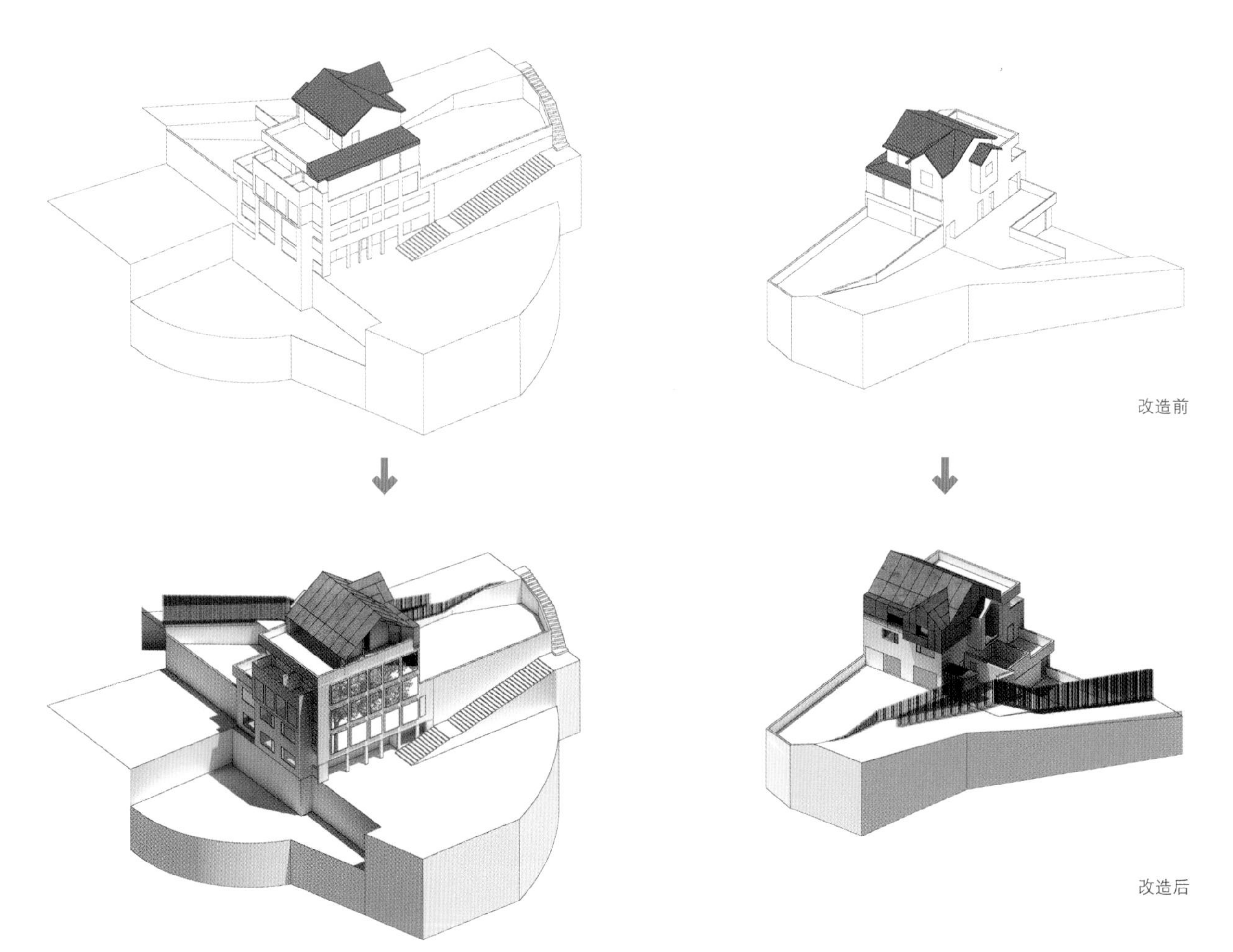

景观设计

针对云树酒店这座山地建筑，景观设计团队的想法是为云树酒店创造一个光和阴影的游戏。

改造前，原本的民房建在倾斜的山坡上,四周山腰上密布的高大树木就像绿色云朵。

云树酒店的特点之一是那些有着超大树冠的原生树木，阳光穿过树叶，不同时间与季节的光影变化很有趣。阳光、云朵、树冠构成四季和昼夜之间光与影的游戏。在设计上，设计团队期望为客人呈现一个广阔的山坡，展现翁家山美丽的全景图。在这过程中面临的最大挑战之一是如何依循自然山坡和现有植物的位置来布置空间和流线。这些自然的植物对设计团队而言就像艺术品，应该尽力去保护它们。

明确了特征之后，设计团队开始进一步去探索上下花园如何满足酒店的需求和未来使用的弹性。前花园，中间三棵大树与户外环境无缝整合成多元化的可坐花园。简约空间的主角是中间的结实的树干，家具被设置为林中起居室,适合两三好友一起来品龙井茶。在花园尽头，是由村民人工填平的一块场地，背景则是在场地下面的坡地上生长的树林。站在下层花园中心开放的草坪上，被自然拥抱的感觉油然而生，大自然的确是最好的设计师，顺势布置在地的元素就是云树酒店的独特气质。

设计的另一个挑战是设计团队需要足够的时间去理解、解决当前的环境问题，最好的方式是放下画笔去体会场地的特质。为了最大限度地本地化，团队进行徒步观察来了解现场和周边情况，同时做分析，以确保设计的硬质材料、种植和施工方法能尽量适合翁家山。翁家山的地理位置是近乎完美的，有着最好的自然人居环境和优美视野，理应创建正确的空间来与之匹配，让人类活动自然而然地融于山水环境中。

手绘图

室内设计

原砖混结构与钢结构形成平面上内部封闭、外部开放的形态。设计团队将内部较封闭的部分作为大堂，营造稍微暗的空间效果；外部利用大面积飘窗形成极佳的观景餐区，享有良好的自然采光。大堂使用色调较暗的黑胡桃木饰面，墙面与飘窗的间隔缝隙对应。公共楼梯间使用经过防火处理的麻布壁纸做天花与墙面的完成面，古铜钢板材质的扶手、客房门与麻布都有较强的材质特性，使得不大的交通空间显得更精致。

受原建筑结构影响，客房户型变化较多，15个客房共分成4种主要房型。标准间内独立台盆柜的上方有一个悬挑灯箱，下方为功能性的筒灯，上方有柔和的间接照明。悬挑灯箱完全依靠墙面固定，无多余结构，在照明的辅助下更显出轻盈的漂浮感。

豪华间内飘窗一侧设计成开放式浴室，利用镜面玻璃的室外反射与低透光性，使客人可在沐浴时享受自然山景。套房有全酒店唯一的私人室外庭院，利用通长的玻璃折叠门作为室内外的分隔，玻璃门完全打开时室内外空间真正融为一体。根据客房中央承重墙的位置设计了一个迷你吧台与储藏空间，客房的轴线也旋转45°，使客厅与卧室有了变化的景观角度。双人间平面狭长，设计团队利用通长的墙面设计装饰墙面，变化的板材宽度与色调明暗变化减少了房间的压迫感。

运营模式

/ Operating Model /

云树酒店位于杭州西湖畔的翁家山景区，优越的地理位置自带诸多体验活动，并提供了一定规模的客源。因此，云树主打全方位的“主动式”和“家庭式”酒店服务，推出了“全餐免费”模式，入住酒店的客人可任意享用酒店提供的美食，无须额外付费，以期给客人带来“家”的温暖体验。另外，在筹划时，云树就将境外旅客定位为部分潜在客户，并把酒店信息投放到了境外网站，因此在酒店配套设施上均使用了中英双语标识，为异国旅客提供方便。

除了为客人提供贴心的服务外，云树也为不同的客人提供定制服务，承办一些小型的答谢酒会、生日宴会或是展览，宽阔的室外景观庭院（树庭）和空中露台（云庭）提供了足够的空间，精致的景观设计也成为一抹亮丽的风景。

此外，云树在餐食上格外用心，设有两个用餐区：酒店的Aventree Lounge是一个18小时开放的温暖空间，提供国内外最新的书报杂志、饮品、水果与点心；而别具风格的MaiMai Restaurant集餐厅与酒吧功能为一体，供应多样化的调酒与美味三明治，是人们享受美食或好友消磨时光的好地方。

原乡井峪

“石头村”的前身今世

/ Generation /

西井峪村是一个有着400年历史的小山村，明代成村，因四面环山，形似浅井而得名。行走村中，满眼都是碎石墙，碎石路，还有农家的石头房子、石碾、石磨……走在这里，仿佛穿行在石头的森林中，所以大家干脆叫它石头村。

别看这些石头其貌不扬，但随手捡一块，动辄都有上亿年的历史，因为西井峪坐落于历史文化名山府君山背后，属中上元古界国家地质公园范畴。在2010年成为中国历史文化名村之前，西井峪也和许多村落一样，无人问津，一同老去的，还有村里那些清末民初的老房子。2014年来，一个上海人遇见了这座石头村，一份乡愁情怀悄然而生。李谦创建的九略乡建工作室进驻西井峪村，在尊重传统村落文化特质的基础上，用乡村社区营造加乡村产业复兴的行动计划展开了三年“西井峪计划”。

项目全称：原乡井峪度假山居
地理位置：中国，天津，蓟州
建成时间：2016年
总面积：215 m²
设计团队：HHD_FUN设计事务所
摄影：王振飞

建筑设计

设计团队本着最大限度保留古屋原本特色的设计理念，在设计规划之初就计划借青山之景，砌古石为墙。山居依山而建，群山环抱，处在西井峪的中心位置，得青山之色。建筑就地取材，主要材料均来自西井峪当地，墙体完全采用干砌石传统手法砌成，充分展示了西井峪石墙的美感。木格栅和实木门嵌在灰色的墙体中，颜色和质感的巧妙搭配给人舒服的感觉。设计团队希望在尊重这里传统的基础上为其注入新的文化和理念。

前院北边和东边各有三间卧室、一间客厅和茶室，穿过正厅茶室就是后院。墙体、过道、多边形地砖和草坪都和上一代这里的墙垣和布置特点紧密相关，有迹可循，保证了西井峪特有的乡村物质文化得以延续发展，同时赋予这里新的功能，适合现代人居住、生活，让习惯于都市生活的城市人也能在乡村住得舒适安心。

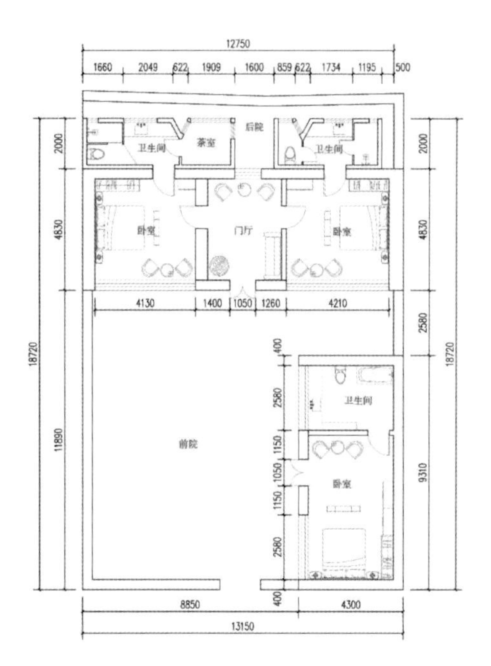

石间平面图

景观设计

设计团队采取敬畏自然、敬畏乡村、向地方文化学习的谦虚的设计理念，仅使用代表村庄特点的石头和植物两种要素作为景观元素，就地取材，将院落、房屋与生活进行生动结合。设计团队为此专门改造了一个院子，开辟了一个园圃，种上了些绿色蔬菜，既为院落增添了乡土气息极为浓郁的自然景观，也为餐厅提供了有机的原味食材。好的民宿设计一定会给旅行者一个惊喜。沿着石头墙上到民宿的屋顶，三个原石砌成的温泉池，可以让人置身于山间，泡着温泉看星星。

“拾磨”是一个公共空间。从咖啡店座位区中间的前门出去就是满地树荫的小院。院内有供休息的座位区。院子里的树全部被保留了下来。几棵树中间是正在建造的水窖。后院有一个长廊，是乘凉避暑的好去处。

树的保留方式也是民宿本身的一个特点。通过连接两个点之间的垂直平分线，可以得到一个多边形网格，这个网格能够确保这棵树在这个多边形内部，同时保证树的周围有一圈儿树坑。从院子里地面上的树坑到架起的铁架，再到前后铁门上的多边形玻璃，设计团队大量运用了这种名为泰森多边形的元素。由于泰森多边形和石头在视觉上具有一定的关联性，因此在营造出具现代设计感的景观的同时，又使院落整体保持协调。

拾磨

室内设计

针对咖啡厅所做的院落改造，设计团队依旧采用最朴素的材料和质感，所以看上去院落和村子是很和谐的。但是，由于咖啡厅所在的建筑已经存在安全上的隐患，设计团队综合考虑之后，决定对房子做落架大修，即把整个房子拆掉，拆完之后再用原有的屋架和石材把房子重新盖起来。在盖的过程中和灰浆，加入了一些提高安全性的做法，保证建筑的安全，同时也改变了建筑的标高。院落的整体格局没有发生多大变化，还是一间正房和一间厢房，只是在后院儿增添了卫生间和储藏室。

咖啡厅室内也采用了比较朴实的风格，采用了传统的泥墙以及一些低造价的朴素的材料。室内从左至右依次是吧台、书店和座位区，座位区的套屋内有火炕。咖啡厅的电线线路、暖气走线都被钢管包裹，做成了复古的样式。设计团队意在做出一个示范，只要规律地布线、走线，明线改造也可以做出比较好的效果。

运营模式

/ Operating Model /

原乡井峪在运营上主推系列体验。山居有专门配套的餐厅——飨庭，如果选择在这里就餐，就可以在餐厅的苗圃里体验果蔬采摘。餐厅饮食的大部分原材料都来自山里和自家的苗圃，天然有机是最大的特色，而且为了保证食材的新鲜，菜单上的菜品均选用应季食材。飨庭还提供婚庆服务，为新人提供一站式派对婚宴体验，使得餐厅的服务模式更加多元。“拾磨”里的咖啡厅除了有咖啡区，还特意增加了阅读区，可作为人们消磨时光的去处。除了正常的运营，咖啡厅也会时不时推出特品，比如原乡井峪发起了“喵爷公益奶茶”，每卖出一杯，就为拾磨邻居猫大爷家收养的30多只流浪猫捐助1元爱心，这样的公益活动为咖啡店赚到了很好的口碑。另外，每逢节假日，原乡井峪都会推出对应的主题活动，在母亲节有花艺体验课，暑假有针对三口之家的亲子体验营……这些丰富多彩的主题活动本身就是一大亮点，可以带动山居入住率的提升。

北京后院

伫立在远处的故乡小院

/ Rare Yard /

后院位于北京的西北方位，坐落在昌平区白虎涧自然风景区山脚下，毗邻铁路，西侧是延伸至山边的百亩采摘园。确切来讲，选这处房子做民宿并非主人智哥（主持设计师李秩宇）刻意为之，决定的过程中少了精心策划的选址方案，也没有左右衡量的为难，原因很简单，这处老院子是智哥的家，也是智哥模糊记忆中那个儿时温暖的港湾。小学六年级后，一家子人都渐渐搬离了这座院子，到了城市里定居，留下了这个孤零零的院子和几间破旧不堪的老房子。

后来智哥成为一名公装设计师，主要从事大型地标公共建筑的室内设计工作，常年奔波于各个城市之间，生活被事业填满，节奏快到好像从来没有自己的时间。当智哥再回到儿时常居住的老房时，既惊叹于周围景物的变迁，也痛心于老房子的残破，于是和好友张鹏、许文峰一起商量过后，就拍板决定亲自动手将原来的院子重新修缮一番，将其打造成为一个可以约旧友常回来小住几日叙旧闲聊的地方。

恰巧，老院子正好坐落在北京近郊的几个景点周围，节假日来来往往的车辆和游客也为这片小村子增添了不少人气儿。智哥顺水推舟，将院子的功能进行了拓展，让这座院子也可以对外营业，供游客下榻打尖儿，这便是这间“后院”的来历了。

而创建“后院”的初衷，则再简单不过，智哥希望通过设计的力量，营造一个朋友或者家庭聚会的场所，让更多都市人体验乡村生活，回归生活本质。也许有一天，我们在城市的水泥森林中难以寻见一处栖息之所，渴望寻味乡野的安住桃源时，或许还有个家乡的小院静静伫立等你归来。

项目全称：北京后院・拾口院
地理位置：中国，北京，昌平
建成时间：2016年
建筑面积：200 m²
设计团队：CCDI卝智室内设计
主持设计师：李秩宇
设计策划：张鹏，许文峰
摄影：鲁飞

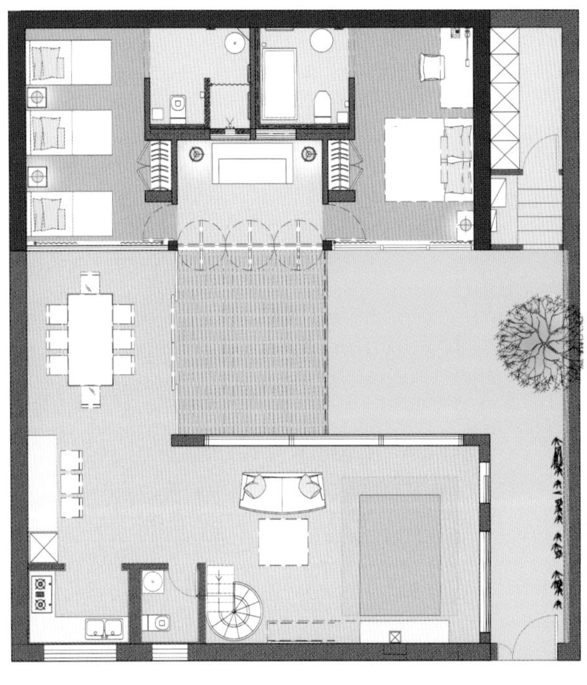
总平面图

建筑设计

原来的院子建于1983年，是一座典型的三合院式样的北京郊区民居。院子里有一间坐北朝南的正房，东西朝向各一间厢房，共三间房屋。入口从正南进入，空间关系是北京传统四合院的简化版，看似面积很大，但大多为消极空间。为了实现一个可以接待三户家庭和十人左右团队的民宿，主人联同设计师对院子做了重新解构，准备让这个院子焕发新生。

设计师保留了传统的正房，拆除东西厢房两侧布置的格局，以期展露出西侧近处燕山余脉的一座主峰。在此之前，这处山景被西厢房挡住，视线只能跨越屋脊窥探一二。南北高低错落的建筑形式既是新与旧的对话，也暗合了西山的山峦叠嶂。

院子西邻是常住民，为了既可以得到比较开阔的西山视野，又要尽可能保持院内的私密性，所以整个院子的开口朝向被设置朝东并形成了一个“U”字形格局。虽然院落并不是完全围合的状态，但设计师打造的是内庭院的感受，关上大门就进入了自己的世界，入住者所看到的都是自己视野内的建筑，这是在设计过程中一直贯穿的逻辑，虽然设置了大面积的玻璃，但是私密性要求能绝对保证。

东立面为了迎接日出而设计了大面积玻璃，将日出的第一缕阳光收入宽敞的起居空间中。同时为了保持通透的日光，也为了隔绝公用胡同的噪声影响，院落南侧起居室开了高窗与屋面天窗，设计师计算了全年日照角度，使这个高度刚好可以保证宽为4.5米的院子内全年有日光照入。

原址南邻家的北房高约七米，外墙被涂成了黄色。为了避免住客在现有院内看到邻居家的房子，同时配合功能需要，在南面新建高6.5米的房子，内部设置公共区域。

餐厅是南与北、新与旧的“耦合”件，四扇玻璃门可以全部打开，此时餐厅前的共享室外平台就和餐厅空间共同合成一个新空间，餐厅变大了两倍，平台也渗入了室内。通透的起居室北面玻璃大开窗，使得室内与室外空间随时保持沟通与互动。透过大玻璃可以看到完整的老北屋，这时，建筑景观与北侧连绵不断的山脉，加上点点繁星构成了一幅完整的画面。设计师设计了坐“新”观“旧”的场景。

景观设计

入口从原正中进入改为从东南侧进入，经过一个狭长的通道才可以看到整个院子。设计师为了让这段距离显得不那么冗长，便在这窄窄的小路上铺满了白色的砾石，蜿蜒的小路是老房子拆除下来的瓦片做成的。白沙为水，瓦当为岸，一进门便有跟门外截然不同的风景。

院子的东侧端景是一棵主人栽培的山楂树，是院子一直的记忆保留，也是院子“U”形开口和主入口处的景观节点。

室内设计

起居室内部是6.2米的挑高空间，为了增强家庭与团队内部的互动性，打造了一个下沉的客厅落座空间，“夜话围炉”的场景随时在发生。沿旋转楼梯而上，便到达二层的茶室和通铺空间。白天大家一起围坐，品茶观西山，夜晚这里成为通铺，大家席地而睡，观星夜话。

老北房的功能被重置后，玄关区域是进入两间卧室的“灰空间”，由三扇立轴门进入，既隔绝了冷空气，同时又营造了进入卧室前的气氛。门全部打开时，再次和室外共享平台结合的玄关空间也被放大。玄关入口上的两扇高窗在保持私密性的同时，也为两间卫生间的采光营造了日照条件。

两间卧室内，设计师修复了原老宅的墙面，并做水泥拉毛处理，质朴而弥新。天花板保留了原木结构，并被修复，裸露出来。由于房主喜爱摄影，后院的房内挂画是在建设过程中抓拍的场景，作为新旧空间的装饰，别有一番故事可以追忆。

在两间卧室的布局中，设计师分析了入住的客群心理，把睡床空间减小，扩大浴室空间，令动态区域尽量宽敞，且卫生间并没有设置门，保证了卧室空间内部的互通与放松。

后院主人喜欢存酒，因此设计师在原老院基地的锅炉房位置，下挖半米做了私人酒窖，同时也是个小酒吧。

运营模式

/ Operating Model /

不同于其他民宿，后院不设前台，也没有工作人员，智哥希望每一批来到这里的客人都能像在家里一样放松且不受打扰。这里的一切都是自助或者半自助的——厨房提供各类炊具、灶具以及餐具，客人可以自己动手制作美食。如果懒得做饭，还有套餐和火锅直接送餐入院。吃的问题解决了，喝的问题也不用担心，除了有净水器净化过的纯净水，后院儿的冰箱里长期存放着可乐和啤酒，院子里的酒窖里还有专门从南美洲空运过来的红酒供客人品尝。

蜜桃小院

藏在小山村里的秘密基地

/ Secret /

也只是在无意之间，小院主人发现了白乐桥这个村子。那时村里只是稀稀拉拉地散落着几家客栈和青旅，大部分还都是村民的老房子。沿路往村子的深处走，地势慢慢变高，走至村中的制高点时，一排棕榈树耸立在石墙脚下。沿着楼梯上去，视野逐渐开阔，远处山峦叠嶂，满眼都是郁郁葱葱的青翠，景色迷人，风光旖旎。

细细考究，白乐村的地理位置也是极佳的。村落临近灵隐寺，被浓浓的佛教文化环绕熏陶，整个村子都散发着灵气。从村子出来穿越一个隧道便到了市区，出行也十分便利。于是，小院主人在白乐桥村做一间民宿的念头就此萌生了。

在村里兜兜转转了几圈，寻到了一个位置极佳的院落。小院为农民家炒茶的仓库，是一栋两层的小楼，楼前还带着一个大院子。在紧凑的村子里，难得有这样一个较大且兼具私密性的院子，更为令人惊喜的是小院内视野极佳，可远眺、可近观，处处都有别样的风景，青山、朗风、鸟鸣，自然舒适，纯粹静谧，城市的喧嚣在此悄然隐退。

小院坐落在村子里相对隐蔽的位置，或许你在无意的闲逛中走进了院子，推开门，感到一丝惊喜——木质的结构和复古配件碰撞出了一个不一样的空间，真正地领略一番古人“山穷水尽疑无路，柳暗花明又一村”的趣味。这是小院主人想要的，也是生活原本的面貌。

项目全称：蜜桃小院民宿
地理位置：中国，浙江，杭州
建成时间：2012年
建筑面积：300 m²
设计团队：杭州观堂室内设计有限公司
摄影：王飞，张大鹏等

建筑设计

原本的农居小院在结构和布局上相对局促，为了区别于周边的农家乐，设计师对建筑外观进行了改建。

首先，对所有墙体进行加固，让建筑更为安全可靠。同时，小院紧临后山，为预防有可能出现的落石和尘土，主人对后院的山体也进行了加固，并开辟出一片小田地，可以自己耕种些瓜果蔬菜。

主人将原有的建筑门洞顺势而为改造成圆拱形；小院内所有的门洞和墙角也被设计成圆角形式，浓浓的地中海风情扑面而来。建筑原本的铝合金门窗统一被更换成木框和玻璃，质朴而清爽，房间内挂上柔和的纱帘，配合温暖的灯光，带来浓浓的家的气息。墙体被粉刷成白色，一进小院，客人便可以感觉到轻松愉快的度假氛围，温馨而舒适。

景观设计

蜜桃小院拥有一个与建筑面积一样大的院子，这方得天独厚的院子也是这家民宿名字的来历。设计师在院里铺上了回收来的青石板，同时为了与周围茂盛葱郁的山林相和谐，院子内保留了原本的一棵大柚子树，还开垦出一片小田地，种上了无花果树、腊梅、木绣球等各式植物作为天然的景观。

院子里还有一片休憩区域，铺着老木板，摆设着东南亚柚木桌椅和床榻，方便客人在院内休息或品茶。这是设计师有意创造出的一个与自然亲近的机会。

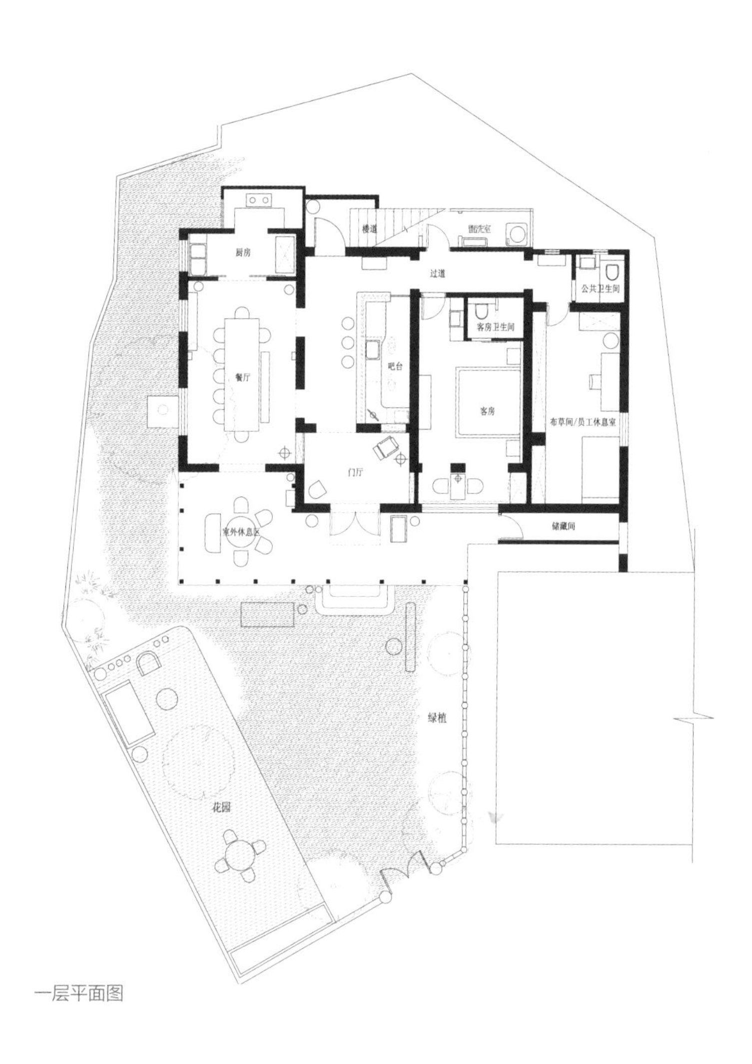

一层平面图

室内设计

小院里处处透露出设计师环保（旧物回收再利用）的理念。入门小厅处的花砖是“民国”时期的舶来品，曾用于私宅，旧城改造之际设计师从各处辗转找到这批花砖，回收回来铺在小院的厅前，别有一番意趣。小厅右侧墙面上，是从废弃工业器械上拆下的零散部件，主人请来专业的设计师朋友，即兴发挥，将其拼贴在墙上。吧台上部的吊灯延续了蜜桃餐厅的一贯风格，将工业时期的老灯盏一一寻来，按统一高度间隔悬挂，悄悄地诉说着历史故事。

一楼拥有一个餐厅和厨房，顶部采用各式回收木料装饰，既避免白色过于单一，又极好地隐蔽了顶部的线路排布。一楼以及所有房间的卫生间的地面都使用了水磨石现浇工艺，时间越久，越会别有一番味道。

小院一共有五个房间，一楼一间，二楼四间，房间追寻本质的、质朴的风格。白色肌理的墙面，回收的木地板、木梁顶，东南亚纯柚木家具，100%全天然亚麻床品，尽显环保的、生活的、自然的设计理念。

SINGER

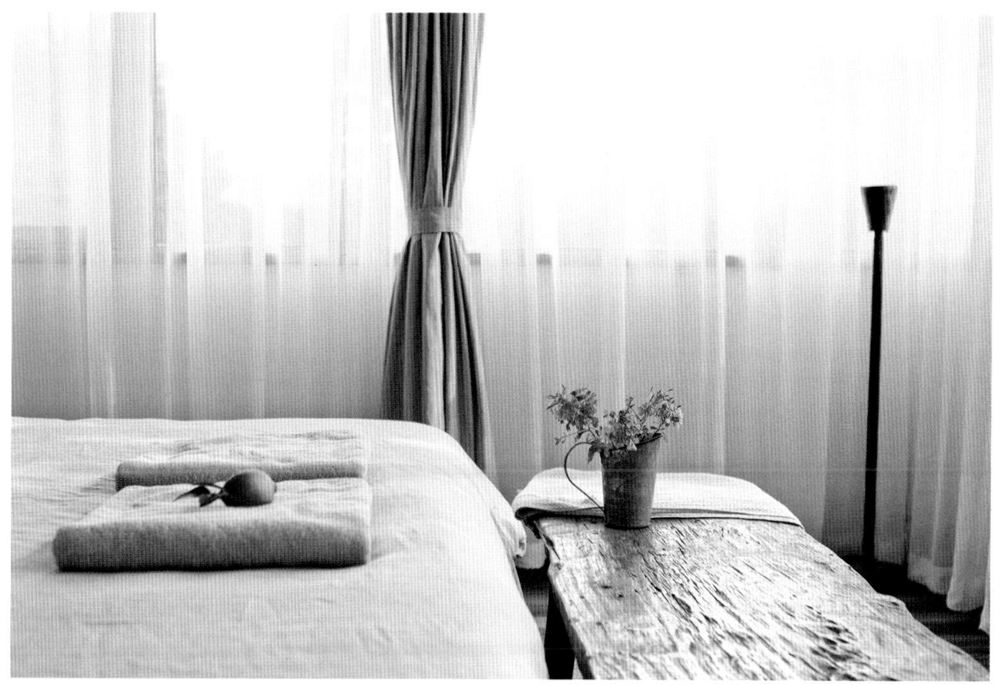

运营模式

/ Operating Model /

蜜桃小院除了提供一般酒店的标准化服务外，还推出了一系列定制服务。小院接受包场开办小型派对，也接受单独房间预订以及布置，婚礼和生日聚会均在服务范围内。同时，贴心的24小时管家服务也提升了入住的舒适度。

在餐食方面，一楼餐厅早晨提供的丰盛营养早餐，下午提供的精美下午茶点等均出自小院姑娘之手。餐厅里没有单独的小餐桌，而是置办了一条欧式长餐桌，营造出一种在家用餐的温馨氛围。

一楼还设置了一个无玻璃阳光房，半开放的空间使客人既可以享受到来自院子的新鲜空气和阵阵花香，也可以避免受恶劣天气的影响。除此之外，考虑到可能会接待一家三口，蜜桃小院的院子里保留了大片空地，以供孩子们玩耍嬉戏。

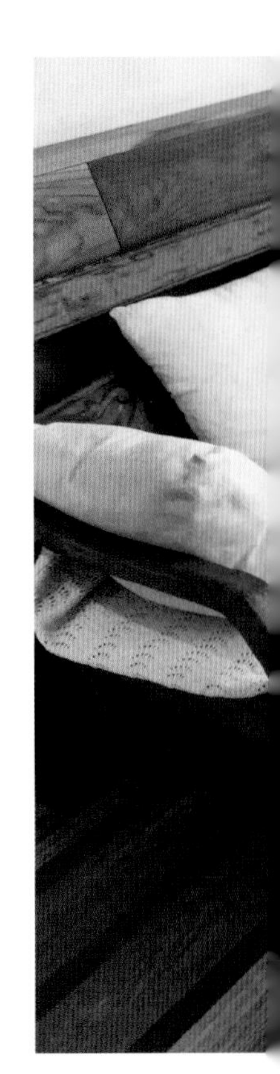

囍

叠云

莫干山的“流水别墅”

/ Falling-water Ohio-Pyle /

有这样一栋房子，几乎建筑教科书里都有它，无数学设计的学生都画过它，而我们心心念念的，就是何时可以在那里睡一晚。这栋房子，就是美国建筑师赖特的“流水别墅”。

后来，凡是有野心的设计师也都试着做自己心中的流水别墅，但流水别墅绝不是轻易就可以再现的，流水别墅最基础的起点有三条：一，环境要野；二，建筑要酷；三，一条溪水或瀑布沿着屋子而过。而伫立于莫干山的叠云从亮相起，就被大家一致评为莫干山的“流水别墅”。

这栋名叫叠云的民宿，悄悄躲在莫干山的山腰上，从远处看去，它更像是停泊在半山腰之间，四面竹海环抱，微风过处，竹叶随风摇曳，撩动心神。一条小溪从房子脚下蜿蜒而过，傍晚的溪边亮起灯来，更是在柔缓的山脊线上添加了一种温暖。民宿的背面紧贴着后山，半山的茶田层峦叠翠，一抹绿色顺着山坡缓缓地流淌下来。一打开门，就可以走进茶园里，闻到茶叶清冽幽香的气息。晚上睡觉的时候，也总有一种睡在安静茶园的奇妙感觉。在阳台小坐，近处风吹竹林，远处层峦叠翠，星星点点的小屋点缀其中，一派平静祥和的氛围。

在这里，离风景很近，离市井烟火不远。

项目全称：莫干山叠云度假酒店
地理位置：中国，浙江，湖州
建成时间：2017年
建筑面积：600 m²
设计团队：ZW建筑设计工作室
摄影：贾方，唐徐国

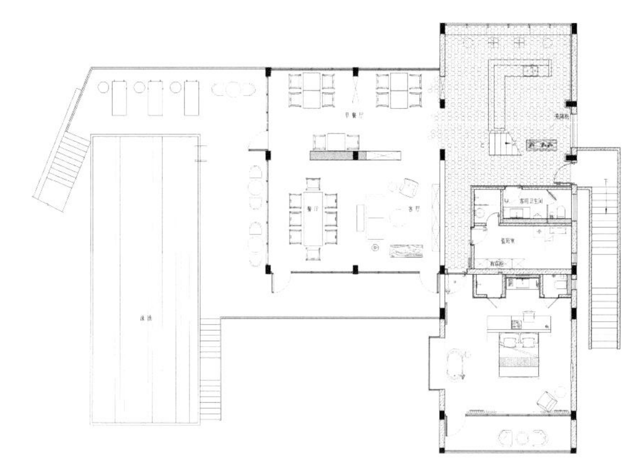

一层平面图

叠云到莫干山剑池步行大约两小时，有一条小路是直达的。走路10分钟，就可以看到一个民国风的文艺小镇——庾村，此处文创园、莫干山VR馆、意大利生活馆、自行车餐厅、LOST咖啡、云鹤山房应有尽有，当然，还有令人心心念念的杏仙面馆和那热气腾腾的庾村烧饼。晚上八九点，可以像赵雷在《成都》里描绘的那般，揣着裤兜到小镇上走一走，走到街的尽头，还可以到莫干山的深夜食堂“野有食”去小酌一杯。

高冷的设计范儿，又有接地气的小镇生活，这不仅仅是一家活在朋友圈照片里的民宿，它还是莫干山的一种独特的生活。

建筑设计

“乡建”这个词仿佛一夜之间炙手可热，随着乡村建筑迅猛发展，各种各样的乡建理论众说纷纭，百家争鸣。我们反而更喜欢瑞士建筑家彼得·卒姆托的这句话——“我不是从理论定义的出发点来做建筑。我致力于做建筑，盖建筑物，期望达到尽善尽美。”相信见过瓦尔斯浴场的人无不为之震撼，然而在那你却看不到一点瑞士民居的形式感，但这一点儿也不影响瓦尔斯浴场成为一座传世的经典之作。正是基于这样的理念，团队设计了莫干山叠云度假酒店，希望在莫干山脚下盖一个美丽的房子。

项目坐落在德清莫干山小镇，位于庾村一处山脚下，临近莫干山的登山游步道，上山可直达各名胜古迹。地块面南朝北，南边是茶山，北边有一条小溪，小溪的另一侧是村落的民居群，整个村落都建在一个狭长的山坳中，从自然环境到地理位置都得天独厚。原建筑建于20世纪80年代，砖木结构的老房子早已破败不堪，因原建筑与旁边的民居是连体建造，邻居也都住在里面，而业主希望对其推倒重建。设计师从各方面因素考虑，把新建筑造在远离邻居的另一侧，靠近东边的竹林，对建筑与环境做了新的构思。当下的乡村早已建满了欧式小农居，与我们日益进步的审美有那么一些格格不入。

设计师希望这座建筑具有当代性与前瞻性，而不是裹挟在乡村建造的潮流中。新的建筑用途是要作为一个度假酒店来使用，每个房间都要有景致与阳光。设计师要在有限的土地上建造出一栋有八个房间、功能齐全的小型度假酒店。房子依地势而建，架在山脚下，面朝群山而立。长条形的BOX叠加而起，错落有致。酒店的名字“叠云”也是因此而来，一层层叠加到云端。因建筑背靠茶山，设计师把底层留作车库与厨房以抬高建筑的高度，增加日常使用区域的采光。看似简单的BOX叠加，其内部的动线是经过严谨思考的，各种不同的房型满足客户的不同需求。混凝土色的外立面材质给建筑增加了几分冷峻感，在众多的民宅中格外显眼，独特而又不突兀，静静地藏于这历史悠久的莫干山小镇中，犹如山水间的一座雕塑。建筑设计到室内设计一次性完成，避免了很多建筑与室内衔接不上的尴尬，项目历时两年，直至今日得以成品所见。

室内设计

室内设计沿用建筑工业风的气质。一楼的公共区采用强烈的黑白灰色调，具有冷冷的工业感。裸露的水泥材质、黑色钢板与渐变马赛克和谐地相处在同一个空间里。吧台除了作为接待空间以外，也是餐厅与咖啡吧的操作区，是一个多功能空间。餐厅与客厅中间，一整面黑色的钢板墙体很好地区分了功能区，又可使空间无界限地互动。墙中间还设有一个酒精壁炉，冬日里点上一炉火，一冷一暖，温度刚刚好，开派对和聚会都毫无压力。墙上挂的超现实主义油画为空间增添了一点点的神秘感。无论四季如何变幻，坐在室内遥望满山景色，喝上一杯咖啡，都不失为一种情趣所至。室外还配有露天泳池，这是夏日里度假的必备良品。

通过钢板楼梯来到二楼的客房区，客房共八间，采用统一协调的工业风混搭设计，每间房都用不同的“云”命名，观云、过云……不同的房型，不一样的景致，也带来不一样的心境。暖灰的马来漆墙面，配上橙色的皮质床靠背和工业风浓重的吊灯，天花板、地面都采用实木地板，这一切并无违和感，反而显得相得益彰。

Loft房间是其中最大的一间客房，可供家庭入住。黑色极简的楼梯贯穿上下，在相互保有私密性的同时又可以相互走动，增添气氛。卫生间采用白色的色调，干净简练，直面竹林，可以享受泡澡沐浴时的野趣。夏日的夜里满天星辰，你呼吸着山间清润的空气，能忆起童年的种种趣事。

运营模式

/ Operating Model /

作为一间主要用于度假的野奢民宿，除了具备普通酒店的基础功能，叠云在度假方式上也尽可能满足度假客人的需求。位于前台的迷你酒吧有丰富多样的酒水品类，莫干山竹啤、科罗娜、喜力、各色洋酒，适合和老友或者伴侣小酌一杯；台球室和KTV成为亲友聚会的最佳去处，也丰富了冬日的休闲活动。而在夏日，露天泳池在解暑的同时，也是小朋友们的戏水之处。除此之外，儿童活动中心里免费提供的乐高玩具、儿童游乐帐篷小屋和迷你蹦床，为孩子们带来欢乐的同时也解放了家长。

关于餐食，除了中式餐食，叠云还备有西式简餐，以满足顾客的不同口味。当地应季的乡野私房菜也是不错的选择，如果有兴趣，也可以尝试在竹林涛声中点起篝火，架起烧烤架，来一场自助烧烤，叠云的特色烤全羊值得品尝。酒足饭饱之余，如果客人愿意，还可以付费参与当地的竹藤编织、陶艺制作、山地车骑行和有机农场采摘等活动。

一宿·山麓之庭

牛首山麓，世凹桃源

/ Utopia /

牛首山，位于南京中华门外13千米处，山中有宏觉寺和始建于唐朝的宏觉寺塔。自南朝起，牛首山一带便佛教鼎盛，佛教牛头禅亦发祥于此。释迦牟尼佛顶骨舍利移驾牛首山，从此牛首山成为世界佛教信众的朝拜圣地。

世凹桃源，在牛首山西南麓，自古以来便是一个与世无争的村落，安静从容，民风淳朴。一宿·山麓之庭便位于这样的环境中。

项目场地位于村落路边的土坡上，原为两栋当地村民自建的二层楼房以及屋后残破不堪的几间辅房。入口的长坡、楼间的杏树、齐整的马头墙、不远处的牛首山、仿佛触手可及的佛顶塔，这些元素都直面而来，共同构成了场地的第一印象。

于是，营造一处“禅”的庭院，就成了项目团队共同的愿景和目标。一宿在字面上理解很简单，就是指一间民宿。对一宿而言，一既是一个品牌的起点，也是一个奋斗的目标。更重要的是，一宿这个品牌所指向的并不是简简单单的一个供人住宿的地方，而是一种生活方式的倡导，一种理念、一种价值观的传播。

相逢即是缘分，即便只是住上一宿，也是一种机缘巧合。故而，一宿以“一宿一醉”为出发点，让人们来这里住一宿，通过点点滴滴打动人们的心扉，让客人陶醉于一宿营造的氛围情境中，产生强烈的归属感。能产生这样的体验感，是一宿最大的愿望所在，同时也是一期一会的哲学含义所在。

项目全称：一宿·山麓之庭禅意主题精品民宿
地理位置：中国，江苏，南京
建成时间：2017年
建筑面积：500 m²
设计团队：LBR空间营造社
摄影：钱忠君，尹然等
航拍：刘慧根
荣获奖项：长三角民宿峰会/精品民宿奖，年度新星奖（2017—2018）/扬子晚报精品民宿/民宿美景榜2017评选TOP10/“精致生活·静美时光”南京乡村优品民宿最美公共空间评选优秀奖

YIXIU
一宿
一宿・牛首山
山麓之庭

建筑设计

场地原有布局相对松散，空间上也毫无逻辑可言。为此，设计团队在对场地各要素进行整体认知和把握的基础上，重新围合了建筑场地空间，对原有建筑空间的入口进行调整，理顺了空间逻辑，保证入口有一定的隐蔽性，同时兼顾本项目建筑功能的需求。

在建筑空间布局上，设计团队对现状建筑质量进行分析研究后，充分尊重原有场地的建筑肌理，将屋后残破不堪的辅房拆除后，在原有地基基础上，利用钢结构搭建室内外互通的公共空间，形成茶屋和露台，内可参禅问道，外可礼佛观景。针对两栋农民自建楼房的空间特征，在不破坏原有建筑结构的基础上，通过对空间格局的改造，形成六间各具特色的客房。

在建筑风格和外立面处理方面，团队摒弃了原有建筑外墙繁复的墙绘，全部以干净利落的白色示人。于是新建钢结构框架的黑色、茶屋空间水泥的灰色与建筑外墙的白色遥相呼应，大气沉稳之中透露出些许淡淡的禅味，营造出静谧而又深邃的禅意空间。

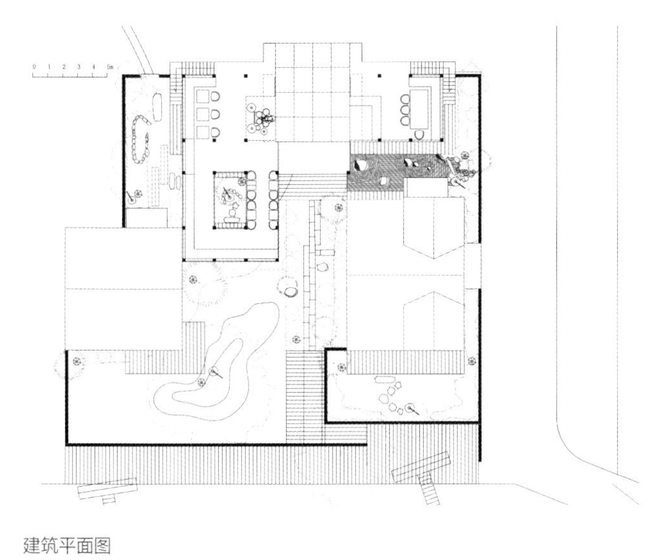

建筑平面图

景观设计

设计团队针对项目特点，借势牛首山遗址公园，在对场地资源深度认知和对佛教文化充分感悟的基础上，充分依托优质山水文化旅游资源，通过对六个大小、风格、特点迥异的庭院空间的塑造，创造出以禅意庭院景观为特色的场所空间。

景观设计与建筑空间改造逻辑一脉相承。具体来说，保留原有树木资源的同时，对面积有限的开放空间进行精耕细作，形成可以驻足停留细细玩味的六处庭院；设计民宿入口区域的开敞水面，以保留杏树树岛为核心景观的岛庭。连接民宿入口与公共大堂空间，设计以步道、苔藓、青草、灌木为特色的小径；处在室外半开放空间内的中庭设计成以鸡爪槭、惊鹿石钵等为中心的茶庭。甲号楼与民宿后门之间的场地为以灰砂绿草各占一半的半庭；乙号楼与公共空间之间的廊道为以枯山水飞桥为视觉聚焦点的禅庭；乙号楼背后为由围墙封闭的小院，是可闹中取静的独立空间。

一宿
一宿・牛首山
山麓之庭

室内设计

新建钢结构的茶屋空间同时兼具大堂的功能。整片玻璃的立面使茶屋空间的自然采光效果极佳，水泥自流平地面、水泥现浇吧台、不加修饰的水泥墙面，与室内黑胡桃木的沙发、椅凳、茶几、茶桌形成巨大反差，在自然引入庭院禅景的同时保证日常使用的实际效果。

通过对已有建筑空间格局的改造，形成六间客房，包括套房、客房、和房三种房型。面积较小的甲号楼为两间套房，乙号楼面积较大，有两间客房、两间和房。位于一楼的套房及客房分别享有静谧的庭院空间，在二楼套房及客房的阳台上可泡一壶清茶，赏花赏月，观山礼佛。和房虽小，但内部精致的榻榻米铺位，既可以作为禅修的茶座，也可以作为休息的通铺。所有房型的卫浴空间均采用了干湿分离的布局方式，宽敞大气，便于沐浴更衣，礼佛参禅。茶屋门前定制的标识贴、公共楼梯间的实木踏步、耐候钢管扶手、特殊定制饰面的客房门与木质门牌，各处细节都使室内空间显得更有禅意。

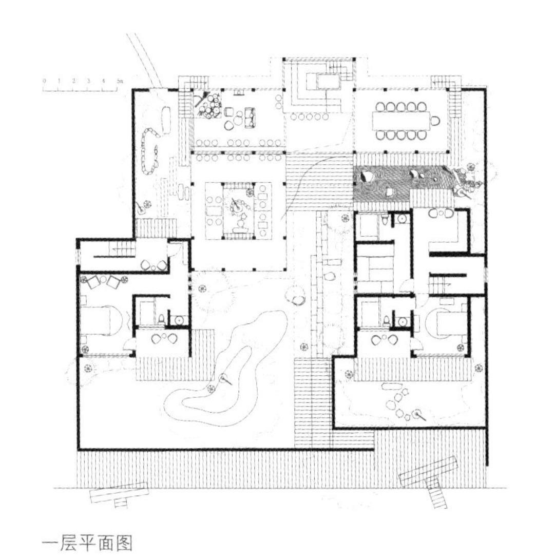

一层平面图

觀自在菩薩行
深般若波羅蜜
多時照見五蘊
皆空度一切苦
厄舍利子色不
異空空不異色
色即是空空即
是色受想行識
亦復如是舍利
子是諸法空相

一宿
山舍之庭
履道

运营模式

/ Operating Model /

本项目位于南京牛首山文化旅游区，牛首山特有的文化资源和自然资源决定了本项目在设计和运营上更多考虑结合禅的体验。

大堂吧的茶屋、户外景观的茶亭以及每个房间都配备的茶具和空间，让旅客更好地体验到一期一会的禅意和禅茶一味的深意。六个庭院中的枯山水禅庭也会定期开放，提供专业的枯山水耙具和园艺指导，让客人来体验蕴含在“一沙一世界，一叶一菩提”中的静谧力量。根据不同的节令，茶屋空间会提供不同的茶饮，还提供不同的冲泡方法以及专业的茶道研习。餐厅除提供特色早餐，还提供风味纯正的日式寿喜锅。每年夏天，院中杏树结果成熟后，采集下的杏果被手工制成果脯蜜饯，辅以佐茶，其中滋味，妙不可言。

润舍

与古镇共生共长

/ Grow /

“癸丑之三月晦，自宁海出西门，云散日朗，人意山光，俱有喜态。三十里，至梁隍山。”明代《徐霞客游记》于开篇第一页如是记述，文中的梁隍山隶属前童，是前童古镇北依之屏障。自南宋末年创建以来，前童古镇“耕读入仕”的儒家传统代代相传，至今依然保留。名山相伴、活水长流、诗礼名宗、贤儒荟出，众多的物华天宝构成了古镇享誉近800年的文脉。

在前童众多的传统文化景观中，建筑是集大成者，作为“五匠之乡”的前童，不同于其他古镇大户小家的门第等级景象，前童的古建显得平和而开放，除去公共性的宗祠、学堂和前贤仕宦的故邸，古镇皆为百姓民居。合理的村镇布局以水系贯穿衔接，形成了平等、共源、亲睦的生活气息。

于前童而言，重要的是，如何串联起不可或缺的本土元素，使之形成系统清晰的地缘语境；如何超越自身的文化属性，使之成为多元互动的催化剂。前童润舍的立项正是基于这样的思考与尝试。主人并不希望只建造出一间仿古的居所，而是这间居所能真正传承前童的建筑文化，并融入现代的新功能。

项目全称：前童润舍精品民宿
地理位置：中国，浙江，宁波
建成时间：2017年
建筑面积：400 m²
设计团队：润建筑工作室
摄影：唐徐国

潤舍

建筑设计

润舍地处古镇的中心区域，砖木结构的三合院建筑经改造后，围合出一方布局严谨的文化院落。在对旧有建筑重新设计建造的过程中，古镇本身的文化地貌被导入并浓缩再现——“木”成为建筑材质的表达主体，“水”形成了空间的区隔与维系，“人”在其中，可行、可望、可游、可居，形成了润舍“文化道场”的角色定位，与古镇发展相融并蓄，共生共长。

在延续传统木构基本优点的同时，润建筑工作室引入“前童木构”方式，对构件的衔接方式等进行“减法”处理。这种结构的“建入”和“化约论”依托于对传统木构的深刻理解，包括对新技术、新材料的接纳与融合。主创建筑师王灏将之归为“偷梁换柱”，以“束柱”法对原有的梁柱进行嫁接、替代，使得整体木构呈现出“简约有度”的当代审美。

此外，屋瓦换以现代玻璃瓦材料，其透明属性强化了空间的开放特质，试想朗朗清夜，举头遥望，明月一轮，对影成趣，此般情境，似可入画，一景一物所勾勒出的正是虚实相生的哲学意味。一池水面与屋顶玻璃瓦上下呼应，阳光水幕，一虚一实，洒落如缕，动静相宜。木头、大理石、青砖和玻璃等材料参差有节，构成了里外空间律动的视觉节奏。

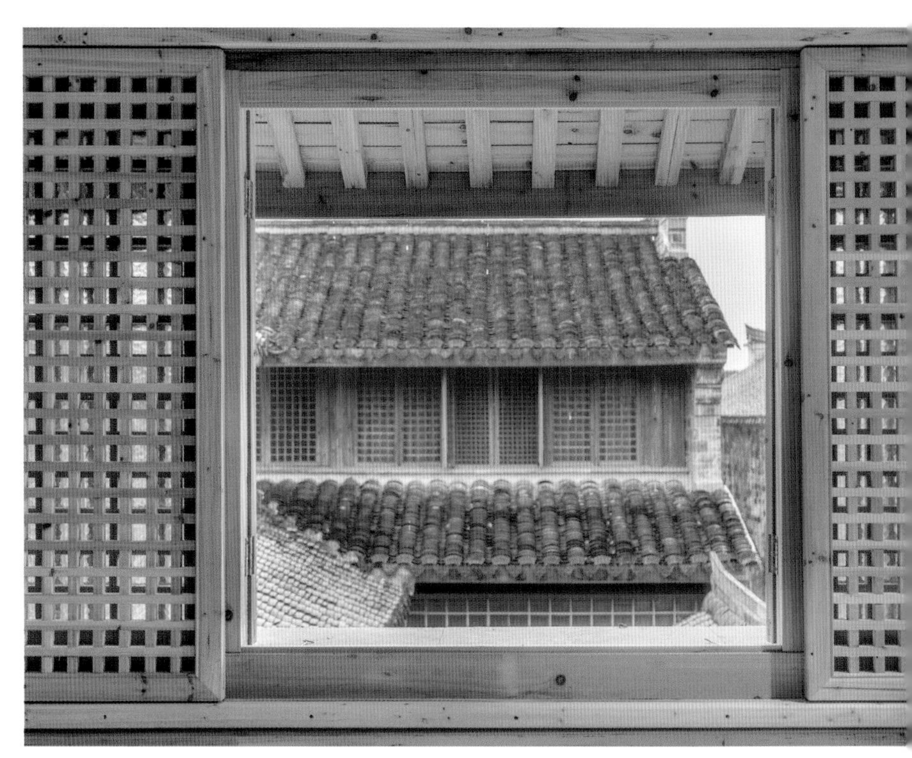

景观设计

“润舍”由外到内依次布置了依循古镇的“八卦水系”，客栈入口，一池水塘泛若湖面，天光映照，时有变幻。水面上方并无遮挡，若逢雨天，则无根之水直落其上，清音如许，声似天籁。拱形石桥搭架水央，缓步而过，即达客栈中庭，尽头处一匹瀑布恍如银纱，倾泻而下，潺潺流入水系的各个区域。

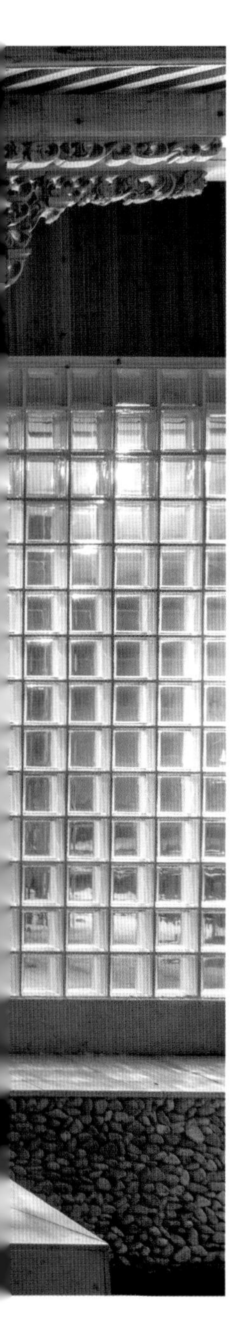

室内设计

客房空间的设计毫不掩饰对自然元素的钟情，暖质之若木，温文尔雅，更贴近中国人的居住情景。其间，素具妙构、竹帘微动、光影斑驳、脚步声声……无不引人联想到那个业已消隐在记忆中的质朴江南。而空间中老结构和新材质的对比，仿佛新和旧、过去和现在、人工和自然都处在一个平行的时空中，和谐共生。

运营模式

/ Operating Model /

润舍位于前童古镇的中心位置，毗邻老街，由于所处的位置比较幽静，因而非常适合喜欢清静的旅客来入住。同时，整个酒店的设计感极强，还蕴含丰富的文化内涵，因此也吸引了一批喜爱木建筑的旅客。

润舍充分利用建造营舍的资源，平时邀请一些设计师好朋友雅集于此，筹备一些以设计为主题的展览，为润舍增加人气的同时，也为这里带来一些文化的滋养。当然，每逢节庆日也会推出客人可以参与的主题活动。润舍可能并没有很多丰富多彩的娱乐活动，但是也正是这份清静和素雅，使其成为远离城市喧嚣的一处安宁之所在。

未来，润舍与外界的合作交流将秉持“书院”式的立场和定位，除远离基础的民宿功能外，展现出更丰富立体的生活空间和公共空间，开放性和私密性依实际应用予以灵活调配。

日常作为休闲区域的茶室、咖啡厅、展厅，若逢乡建论坛、营造学社开放时日，便可模糊其区域功能界限，最大程度地发挥空间的多元属性，而这也是润舍的立意所在——逐步成为古镇文化层叠的开掘者和累积者，由此带动古镇乡村图书馆、文化档案馆、学术研讨会、手工作坊等各类创作机构的萌生和成长。种种地方风物，如“前童三宝”也可由此纳入产品体系，并成为古镇文化语境的一个衔接点，人来人往，古镇也得以滋生出跨地域的流动性和互动性。

未迟

到过去或未来

/ Future /

在这个世界上，人们的步伐有急有缓。有些人可能奔波在东部时区的快节奏中，而另一些人则享受在西部时区的慢时光里。每个人都有一个专属自己的时区，时间的超前与落后只是我们为了达到最好的状态所倒的“时差”。

而“在倒时差的过程中成就更好的自己”便是未迟所想承载的意义。就如同未迟的三位创立者一样，一直在调试自己的时区到最合适的状态，直至未迟的诞生。

为了实现同一个目标，马岛、郭少珣、陈浩三个完全不同时区的人在机缘巧合下撞在了一起并碰出了火花，未迟就如此成立了。

山景环绕，依山傍水，未迟的地理位置得天独厚，形成了未迟的专属时区。无论是走得太快，压力大过常人的你，还是仍处于迷茫中、感觉自己落后的你，在这里，时光可以暂停，烦恼将被屏蔽，在未迟抛弃平日中琐碎的心事，让自己的灵魂得到片刻休整。在这个独有的时区中，你可以找回最初的自己。

项目全称：未迟精品民宿
地理位置：中国，浙江，杭州
建成时间：2017年
建筑面积：1 350 m²
设计团队：郭少珣，马科元，素建筑设计事务所

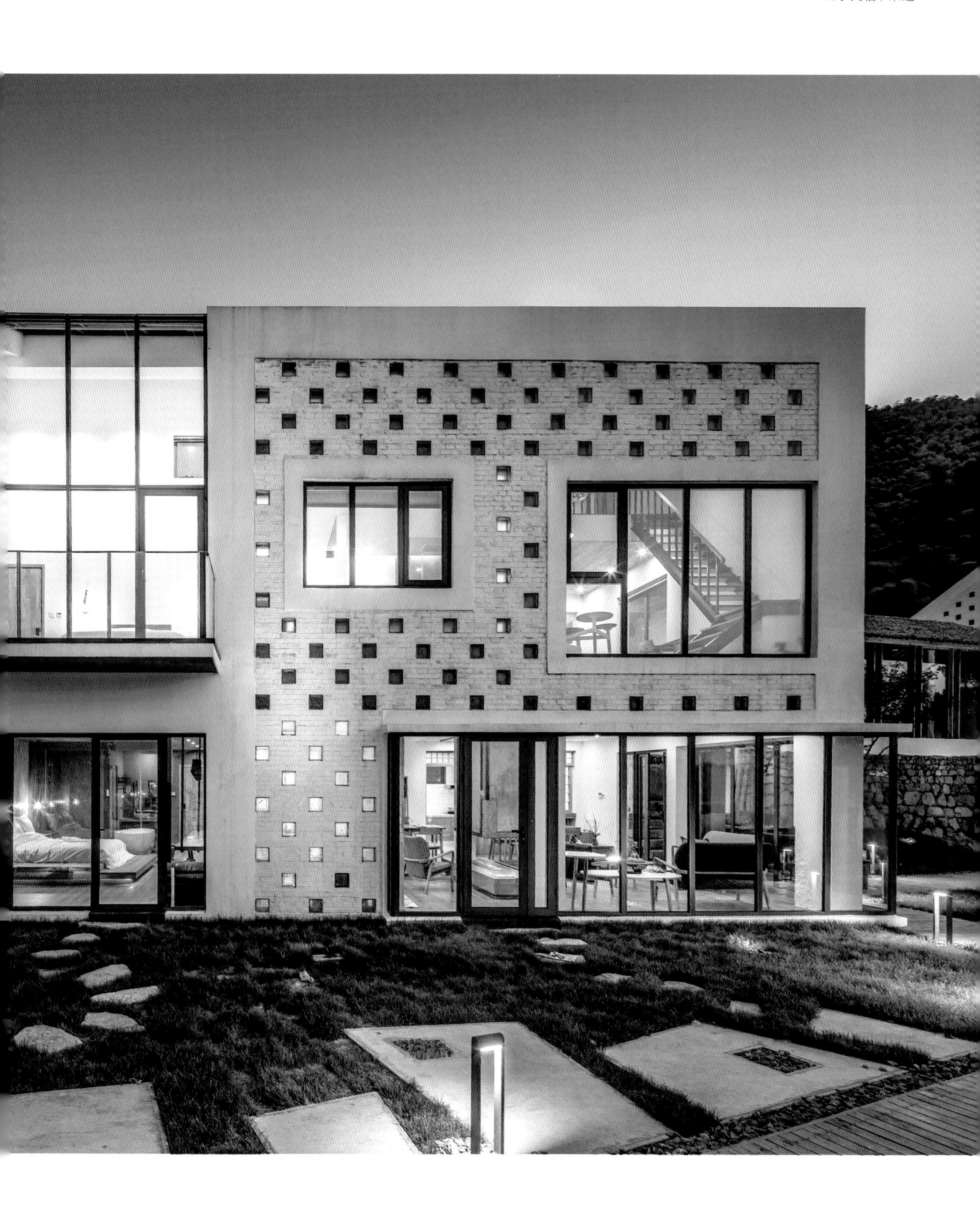

建筑设计

要改造的房子坐落在浙江一个美丽的小山村里。村落里的房子原本都是白色的，但随着时光的推移，人们的离开，白色的墙面剥落，露出了立面的夯土墙体。设计团队希望能还原村子本来的面貌。对于房子的改造，团队保留了老房子的形态，只做了一些小范围的设计，建筑的体量以及位置都完全遵照以前的村落肌理，他们希望改造过的新房子和其余老房子能够融合，共同为村子的复兴注入活力。

"壹号楼"（云房）整栋楼通过"园"来组织空间和格局。房子的整体形态非常简单，基本没有做大的改动，设计上只是重新梳理了外立面以及内部空间。外墙立面运用传统的砌筑方式砌筑成清水砖墙，清水砖与透光玻璃砖相结合共同构成房子简洁却丰富的外部特征。布置在二楼的下沉庭园在房子的几何中心，为一楼的客厅提供阳光，同时为二楼的餐厅提供了好的景致。

"贰号楼"（山房）处在村落的中央，前后左右都有相邻的房屋以及村间小径，设计团队希望这个房子继续保持一个开放的空间状态，能够承前启后。房子的原型是一个简单的双坡屋顶建筑，设计中通过减法将中庭、庭院、露台等空间凿出，从而把其他的空间要素串联在一起，把一个大房子的基本形体逐步消解，与古朴的村落风貌相融合。将三处公共空间——客厅、庭园、天台分布在房屋的每一层，人们在一层客厅与身边的人相识，在二层庭园与静态自然对话，在三层天台面向千山景致与内心对话。

“叁号楼”（石房）在建造中将传统的屋顶瓦面做到室内，从而扭转了建筑的室内外空间。推开房门，进入一个休憩客房的室内空间，再推开瓦面下的阳台门，又进入一个充满山水之境的室内空间。

“咖啡厅”（林房）是一个公共配套功能空间，除了卖咖啡之外，设计团队希望咖啡厅能够承载一些其他的文化内容，因此采用了全木结构。设计上追溯中国传统建筑的穿斗屋顶以及斗拱，但是它并非仅仅是仿古建筑，设计中运用现代的手法提炼出传统的斗拱，让它以中国柱式的要素占据着空间最重要的位置，并且通过两个采光天窗让整个空间里充满一种独特的光影感受。

“温泉房”（水房）采用了轻盈的钢结构形式来和现有环境、建筑功能相契合。钢柱穿越楼层的地方与楼板完全分离，顶部支撑的地方在屋面上留出方形的天窗，让结构形式显得更加轻巧，也更加生动，结构更加积极地表达了建筑空间。在钢结构的基础上，配合使用混凝土这样偏冷的材料，以衬托温泉水的温暖。

室内设计

人们上山的过程是一个蜿蜒向上、不断探索和发现新事物的过程，设计团队希望人们来到一号楼推开门的一刹那，不是“爬山”的终点而是一个新的起点。壹号楼并没有按照当地传统民居进行明显的功能区隔，而是把公共空间分离并放置在各个楼层。一楼客厅的上方“漂浮”着二楼下沉的空中庭院，在进门的开始，就希望引起人们的好奇而向上行走。二楼把消极的走廊空间变成长向的餐厅，贴邻房子几何中央的庭院。房子的外部是一个敞向自然的物化世界，房子的内部需要有一个包裹心灵的精神世界，而东方传统民居建筑中庭院又是一个重要的元素，这栋楼的空中庭院因此而生，与建筑相伴存在。壹号楼中的每个房间都不一样，有下沉的壁炉客厅、朝向千山的茶室、北面景南向阳的跃层套房等。每个房间都有不同的特色，等待每一位来访者去体验。

贰号楼的一楼客厅里，壁炉被放置在空间的中心，团队希望借此聚拢人们围坐一起，结识彼此。客厅与餐厅相互融合，人们可以在这里畅快交谈。简约而细腻的室内布置让整个空间非常温馨，巧妙的开窗设计为室内提供了光线。光是空间的灵魂，美妙的光影变化结合丰富的空间为使用者提供独特的体验。

叁号楼一层布置了一张巨大的、面向千山景观的长桌，可为编剧、画家、设计师等提供足够放松和安静的创作环境。地下一层还设有一个榻榻米式家庭影院，主要为亲子客人准备。

咖啡厅的室内则以简约风格为主，大面积的落地窗设计使得房子的两面皆以玻璃作墙，留给人全方位的观景视角。温泉房的浴池分为公共浴池和私人包房两种。有为群体设计的可供10个人同时泡澡的大池，也有为情侣或者家庭设计的小池包房。整个建筑屋顶设计轻盈，建筑内部跟周围环境并无玻璃隔断，而是跟环境充分融入。

运营模式

/ Operating Model /

除了提供住宿、餐饮、咖啡厅、露天温泉、私人影院等基础的服务，未迟还提供拍片场地，客人可以通过提前预订的方式来预约场地进行拍摄。同时，主人深谙年轻人的消费心理，每每遇到特殊节日，必会推出相关的主题活动，如万圣节的假面舞会等。此外，还紧追潮流，在直播平台上对活动现场进行直播。除了线下活动，线上活动也丰富有趣，推出了有奖试睡以及有奖菜谱活动，为酒店增加人气。

另外，主人也不忘满足自己和客人的艺术情怀，在位置和视野极佳的咖啡厅准备了多种画画用的工具，面向连绵不绝的千山景观，除了欣赏，还可以带着孩子画画，将自己的心境用画笔记录下来。

林栖谷隐

直面山林，与自然共生

/ Nature /

林栖谷隐位于浙江省德清县莫干山镇南路横岭村。莫干山是中国四大避暑圣地之一，距离上海、杭州、南京、苏州均为2～3小时车程，属于3小时经济圈内。山顶上有民国时期各国的别墅组成的别墅群，这些别墅群也是建筑博物馆，涵盖了中西方各式各样的建筑风格。来莫干山做民宿的人，初衷都很单纯，在山里建一幢自己的房子，有空能去度假，闲时朋友们相聚又有了个地儿。

“林栖谷隐”一名出自唐朝诗人张九龄的《感遇》：“兰叶春葳蕤，桂华秋皎洁。欣欣此生意，自尔为佳节。谁知林栖者，闻风坐相悦。草木有本心，何求美人折！”

林栖者就是主人要找的生活态度，直面山林，与自然共生。林栖谷隐一共有五间房，这是非常合适的数量，多了则扰人清净，失去了山居生活的本意。房间以闻泉、望谷、观山、赏竹、听松来命名，每一间房都有自己的特色，对应了窗外的景观。躺在床上看着袅袅水汽在山谷里蒸腾而起，绵绵云雾从山间穿梭而过，那种满足感只有来过的人才能明白。

项目全称：莫干・林栖谷隐精品民宿
地理位置：中国，浙江，湖州
建成时间：2016年
建筑面积：400 m²
设计团队：郭少珣，马科元，谢佳辰，张梦婷，素建筑设计事务所
摄影：唐徐国，赵奕龙，陈颢

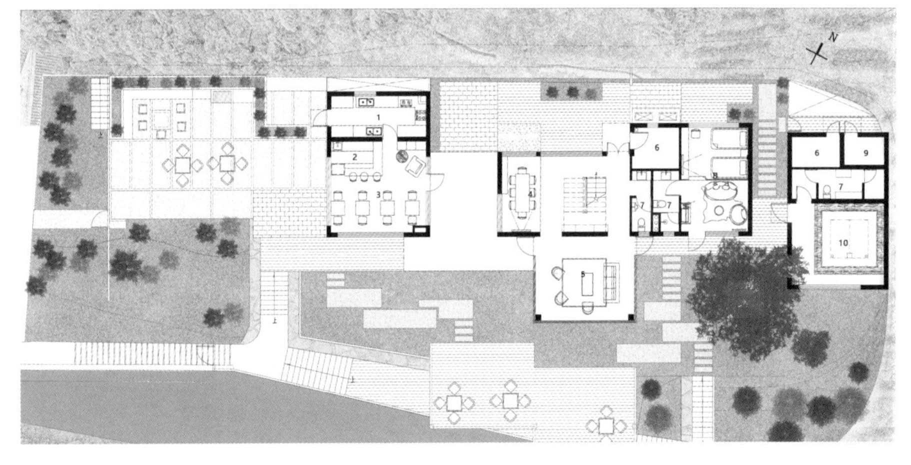

总平面图

建筑设计

项目基地位于横岭村公路旁的一处山腰上，四周景致独特，视野开阔。原始场地比较局促，设计师希望在相对狭小的场地里创造尽可能多的空间层次。原始场地被一分为三，形成三个庭院。三个不同属性的庭院组成一个轮回闭环，在房子的周边构成一条游园路径。原有老房子的双坡原型被拆分成为几个基本单元，重新组合后构成了新的内部空间和外部形态。院子和房子是场地内的两大要素，设计希望通过重构这些要素来探寻建筑的内向世界与自然景观的外向世界之间的新状态。

基地紧临一条乡村道路，景致优美，视野开阔。原有老建筑建于20世纪70年代，是砖木混合结构。建筑主体结构已经发生倾斜，内部装饰也已十分陈旧，所以业主考虑对其进行重建。

旧房南侧的一块小场地是原主人四季劳作时的晒台和堆场，也是主屋正门的入口。晒台东侧耸立着一棵十米高的松树。房子、院子、松树是主人过去生活场景中的主要存在元素，而场地将来的使用功能与之前的农耕生活中的功能已有所不同，故设计中考虑重构场地中三个要素的相互关系。

“林栖谷隐”也取自五代王定保《唐摭言 · 慈恩寺题名游赏赋咏杂记》中“迩来林栖谷隐，栉比鳞差”。项目独立于村落外围且体量不大，房子主人希望建成后房子不是孤立和封闭的，而是可以感受到村落中的氛围和空间。

原来的旧房子是当地常见的双坡顶形态，是江浙古民宅的基本形态。项目中老房偏安一隅，周边并无集合村落。当地政策规定新建建筑的体量不能超过旧建筑的体量。设计中将原来的建筑体量拆解成几个基本几何单元，组合成一个立体的微型村落，并且重构了建筑的内部空间及外部形态，建筑屋面高低起伏，与背后的延绵山形相呼应。

房子和院子前后错落，以前晒台中的松树被巧妙地保留了下来。建筑中间的体量向前探出，宛如一只伸出的手。南侧立面向外界开启一扇通透的大窗，在此可以眺望远处的竹林，吸引前来做客的朋友。建筑主体层层后退，隐匿于山林之中。

房子在外部环境中呈现出一种前后进退的模糊存在，既可以被隐约察觉，又不可通观全貌，若隐若现。

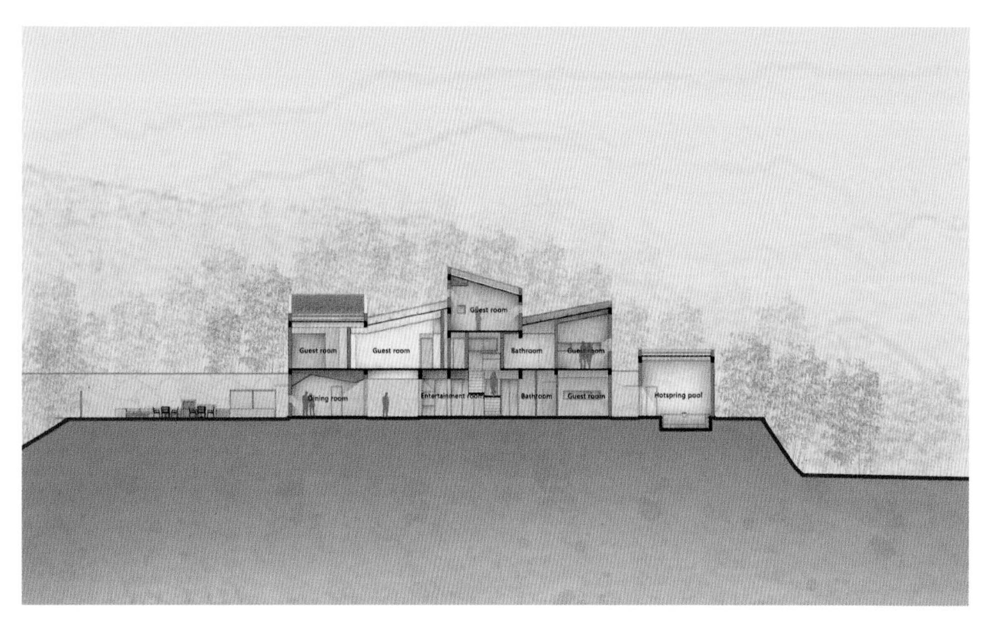
Guest room
Guest room
Guest room
Bathroom
Guest room
Dining room
Entertainment room
Bathroom
Guest room
Hotspring pool

剖面图

模型图

景观设计

外向的村落空间关系以及内向的院落空间秩序是东方传统建筑空间的重要组成部分，建筑与院落是一种相互依赖的共生关系。

传统中国建筑空间的一个重要布局是院落式。一进又一进的庭院喻示着主人的地位。宅院幽幽，深居以避世。人们在穿过一进进院落的同时也感受到建筑空间中的秩序与景致。

在相对狭小和简单的场地里，设计师希望创造尽可能多的空间序列。原场地的室外平台被一分为三，形成三个不同属性的院落。望山园、观竹园和听松园散落并穿插在房子的周边。

望山园在入口处，是沿着坡道进入场地的第一个院子。这里是一个视野开阔的场所，可以远望对面竹山。第二个院子是观竹园，位于北侧狭长的场地，由北侧的山坡和建筑共同围合而成，在这可以静观后侧竹山。第三个院子是听松园，场地楼内保留有一棵十多米高的雪松。松，既是雪松，也是放松。风吹过，松叶婆娑。

远望到近观，心静而听松。三个院子前后串联从而形成一个闭环路径，欲扬先抑。空间的起点亦是空间的终点，建筑及院落中的多层次空间序列被融合在新的场所中。

室内设计

古人以退为隐，以进为出，而隐于山林，不论进退，后天下之乐而乐。设计中将一层建筑空间拉开，形成一个架空的通廊。通廊联系着前庭后院，同时将餐厅和起居室、读书区等功能分隔开来，互不影响。

纵观村落，房子无论大小，都仿如自然生长，形态不一，而非千篇一律。设计师希望重构后的“村落”里每一“户”的空间都不一样。不同的房间，不同的窗；不同的景致，不同的心境。

运营模式

/ Operating Model /

林栖谷隐想要给每一位客人提供一种“家”的感觉，成为您在山里的另外一个家。不是每个人都可以彻底放下热闹的城市生活，大城市随处可见的便利店，24小时营业的药房，深夜还可以觅食的餐厅都会给人极大的安全感。但当我们需要生活能够缓下来、静下来的时候，林栖谷隐一直在山里等着您。对于客人来说，林栖谷隐是一家民宿，是在山里的另外一个家；对于热爱生活的人来说，大家都一样，在这里认真生活并且享受生活。

Les bons matériels
Les bons desserts

It's WEDDING
cafe
TIME

It's WEDDING
cafe
TIME

简象

隐居杭城

/ Hide /

倾国倾城的杭州西湖让无数游人流连忘返，拜倒在了她的裙下。在西湖风景区内有一个叫满觉陇的村落，这里茶园遍布，桂林繁茂。村落隔壁就是杭州西湖老十景——满陇桂雨和虎跑梦泉，这儿是杭州城里最适合隐居的地方。

放空、清零、抛开尘扰，上满觉陇深处的“简象”能够给你别样精致的生活态度。

简象所在的满觉陇将会让每一个到来的人爱上杭州——本应车水马龙的城市中心却隐藏着如此美妙的村落。

简象创始人之一JANE LEE是一个对住所很挑剔的人。喜欢艺术的她认为酒店和艺术一样都是传达生活之美的媒介，就像画家用画笔表达美。她不会画画，索性以“简象”为“画笔”，把好听的音乐、好闻的香味，好的食物、漂亮的景色和精致住所组成的生活方式通过“简象”分享出去。

项目全称：杭州西湖风景名胜区简象酒店
地理位置：中国，浙江，杭州
建成时间：2017年
建筑面积：400 m²
建筑设计：啊嗯设计公司
摄影：刘宇杰